Pascal Manuel Rabenbauer

Entwicklung eines bleifreien, niedrigschmelzenden und hochbrechenden Spezialglases für den Einsatz als Streuschichtmatrix in organischen Leuchtdioden

Werkstofftechnik Aktuell

Schriftenreihe aus dem Fakultätsübergreifenden Institut für Werkstofftechnik (IWT) an der TU Ilmenau

Herausgegeben von Univ.-Prof. Dr. rer. nat. Peter Schaaf und Univ.-Prof. Dr.-Ing. Edda Rädlein

Band 20

Die vorliegende Schriftenreihe "Werkstofftechnik Aktuell" berichtet über aktuelle Forschungsergebnisse aus dem Institut für Werkstofftechnik (IWT) der TU Ilmenau. Die ausgewählten Texte spiegeln die breit gefächerten materialwissenschaftlichen und werkstofftechnischen Themen, die am IWT bearbeitet werden, wieder. Für weitere Informationen und Rückfragen können Sie sich gerne an das Institut (www.tu-ilmenau.de/wt) wenden oder das Institut persönlich besuchen. Über Ihre Anregungen, konstruktive Kritik und Ihre Kontaktaufnahme würden wir uns sehr freuen. Das IWT steht wissenschaftlichen Zusammenarbeiten stets aufgeschlossen gegenüber.

Entwicklung eines bleifreien, niedrigschmelzenden und hochbrechenden Spezialglases für den Einsatz als Streuschichtmatrix in organischen Leuchtdioden

Pascal Manuel Rabenbauer

Universitätsverlag Ilmenau
2019

Impressum

Bibliografische Information der Deutschen Nationalbibliothek
Die Deutsche Nationalbibliothek verzeichnet diese Publikation in der Deutschen Nationalbibliografie; detaillierte bibliografische Angaben sind im Internet über http://dnb.d-nb.de abrufbar.

Diese Arbeit hat der Fakultät für Maschinenbau der Technischen Universität Ilmenau als Dissertation vorgelegen.

Tag der Einreichung:	20. August 2018
1. Gutachterin:	Univ.-Prof. Dr.-Ing. habil. Edda Rädlein (Technische Universität Ilmenau)
2. Gutachter:	Univ.-Prof. Dr. sc. nat. habil. Christoph Schierz (Technische Universität Ilmenau)
3. Gutachter:	Prof. Dr. rer. nat. Attila Vass (Hochschule für angewandte Wissenschaften München)
Tag der Verteidigung:	11. April 2019

Technische Universität Ilmenau/Universitätsbibliothek
Universitätsverlag Ilmenau
Postfach 10 05 65
98684 Ilmenau
http://www.tu-ilmenau.de/universitaetsverlag

ISSN 1868-6532
ISBN 978-3-86360-208-6 (Druckausgabe)
URN urn:nbn:de:gbv:ilm1-2019000165

Danksagung

Da die vorliegende Arbeit ohne die tatkräftige Unterstützung einiger Personen nicht hätte entstehen können, möchte ich an dieser Stelle meinen besonderen Dank zum Ausdruck bringen.

Allen voran möchte ich meiner Doktormutter Univ.-Prof. Dr.-Ing. habil. Edda Rädlein für die großartige Unterstützung ausdrücklich danken. Trotz der großen Distanz zwischen Ilmenau und Augsburg stand sie stets mit großer Geduld für die Beantwortung meiner Fragen zur Verfügung. Mit ihrem großen Wissensschatz und ihren hilfreichen Anregungen konnte sie meinen wissenschaftlichen Blick wesentlich schärfen und erweitern.

Univ.-Prof. Dr. sc. nat. habil. Christoph Schierz und Prof. Dr. rer. nat. Attila Vass danke ich vielmals für die Mitwirkung als Gutachter.

Zu großem Dank bin ich Dr.-Ing. Christina Wille verpflichtet, da sie mir die Möglichkeit eröffnete, eine Industriepromotion im Hause OSRAM in Augsburg durchzuführen. Sie sprach mir immer wieder Mut zu und ließ mir den Freiraum für die Entfaltung meiner eigenen Ideen.

Weiterhin möchte ich mich bei meinen Kolleginnen und Kollegen der Glasentwicklungsabteilung Thomas Bittmann, Angela Eberhardt, Andreas Engel, Elvira Fischer, Dr.-Ing. Annette Goß, Roland Hüttinger, Rainer Marten, Andreas Möller, Florian Peskoller, Reinhold Schmidt, Jörg Seidelmann, Harald Strixner und Joachim Wirth-Schön für die sehr angenehme Arbeitsatmosphäre bedanken. Bei Anliegen meinerseits haben sie immer alles stehen und liegen gelassen, um mir zu helfen.

Ein besonderer Dank gilt meinem Kollegen Manfred Deisenhofer, der zu jeder Zeit mit freundschaftlichen Diskussionen zur Lösung zahlreicher Fragestellungen beitrug. Durch die verständliche Vermittlung seiner großen Expertise im Bereich der thermischen und optischen Analytik kam ich in die glückliche Situation, einen Großteil der in dieser Arbeit beschriebenen Messungen selbst durchführen zu können. Gerne denke ich auch an die gemeinsame Zeit abseits des beruflichen Alltags auf dem Rennrad zurück.

Meinen Schwabmünchner Kolleginnen und Kollegen bei OSRAM danke ich für die Unterstützung bei den Untersuchungen am Rasterelektronenmikroskop und dem CILAS-Lasergranulometer sowie für die Bereitstellung der Rührwerkskugelmühle.

Danken möchte ich auch dem Regensburger Team der OSRAM OLED GmbH um Dr. Thomas Wehlus für die Weiterverarbeitung der hergestellten Streuschichten zu einer OLED sowie für die zahlreichen Messungen und deren Auswertung.

Dem Bundesministerium für Bildung und Forschung (BMBF) danke ich für die Bereitstellung von finanziellen Mitteln.

Nicht genug danken kann ich meiner Familie, welche mich zeitlebens, weit über das gewöhnliche Maß hinaus, unterstützt hat. Danke für den liebevollen Rückhalt, die fortwährende Motivation und die positive Energie.

Für meine Großmutter

Emma Rabenbauer

Inhaltsverzeichnis

Danksagung v

Zusammenfassung xi

Abstract xiii

1 Einleitung 1

2 Zielsetzung und Lösungsstrategie 3

3 Theoretische Grundlagen 7

3.1 Organische Leuchtdioden 7

3.1.1 Aufbau und Funktionsweise 8

3.1.2 Optische Verluste in OLEDs 11

3.1.3 Photometrische Kenngrößen 14

3.2 Glas 15

3.2.1 Definition, Glasbildung und Glasstruktur 16

3.2.2 Thermische Eigenschaften von Gläsern 21

3.2.2.1 Viskosität 21

3.2.2.2 Wärmeausdehnung 23

3.2.3 Optische Eigenschaften von Gläsern 26

3.2.3.1 Lichtbrechung und Dispersion 26

3.2.3.2 Reflexion, Absorption und Transmission 29

3.2.3.3 Streuung an Partikeln 32

3.3 Spezialgläser 33

3.3.1 Glaseigenschaften der Streuschichtmatrix 34

3.3.2 Literaturauswertung zu erfolgversprechenden Glassystemen 35

3.3.2.1 Die besondere Rolle von Bi_2O_3 als PbO-Substitut 35

3.3.2.2 Alternative Bleiersatzgläser 39

4 Experimentelle Untersuchungen 41
4.1 Ausgewählte Glassysteme 41
4.2 Glasentwicklungsprozess 42
4.2.1 Datenbankbasierte Simulationen mit der Software SciGlass 43
4.2.2 Berechnung der oxidischen Gemengezusammensetzung 46
4.2.3 Glasherstellungsprozess 47
4.3 Herstellung von Glaspulvern 48
4.3.1 Mörsermühle 49
4.3.2 Planetenkugelmühle 50
4.3.3 Rührwerkskugelmühle 51
4.4 Pastenherstellung, Applikation und Verglasung 52
4.5 Präparation der Prüfkörper 55
4.6 Charakterisierung der Kompaktgläser, Glaspulver, Glasschichten und Glasstreuschichten 57
4.6.1 Dilatometrie 58
4.6.2 Ellipsometrie 59
4.6.3 UV-/Vis-/NIR-Spektroskopie 60
4.6.4 Erhitzungsmikroskopie 61
4.6.5 Differenzthermoanalyse 62
4.6.6 CILAS-Lasergranulometrie 62
4.6.7 Feldemissions-Rasterelektronenmikroskopie 63
4.6.8 Polarisationsmikroskopie 64
4.7 Elektrooptische Charakterisierung der OLED 65
5 Ergebnisse und Diskussion 67
5.1 Bi_2O_3-haltige Streuschichtmatrices 67
5.1.1 Simulationen im ternären Glassystem Bi_2O_3-B_2O_3-SiO_2 (B:BS) 68

5.1.2 Spezialglasentwicklung aufbauend auf dem ternären Glassystem Bi_2O_3-B_2O_3-SiO_2 (B:BS) ... 71

5.1.2.1 Einflussfaktoren auf das Grundglassystem Bi_2O_3-B_2O_3-SiO_2 (B:BS) ... 72

5.1.2.2 Das Glassystem Bi_2O_3-B_2O_3-SiO_2-ZnO-SrO-BaO (B:BSZSB) ... 85

5.2 Alternative Spezialglassysteme für Glasstreuschichten ... 94

5.3 Pulvererzeugung ... 98

5.3.1 Auswirkung der Mahlparameter auf Korngröße und -verteilung ... 98

5.3.2 Kornform in Abhängigkeit von der Mahlmethode ... 103

5.4 Herstellung der Glasschichten ... 104

5.4.1 Aufschmelzverhalten des Glaspulvers LS 35/13 in Abhängigkeit von der Korngröße, -verteilung und -form ... 104

5.4.2 Gegenüberstellung von Störfaktoren im Verglasungsprozess ... 108

5.4.3 Verglasungseigenschaften synthetisierter Spezialgläser ... 114

5.5 Hocheffiziente, thermisch angepasste Streuschichten ... 118

5.6 Optische Untersuchungen an Glasschichten und Glasstreuschichten ... 120

5.6.1 Optische Eigenschaften der hocheffizienten, thermisch angepassten Streuschichten ... 121

5.6.2 Transmissionsmessung an kommerziellen und eigenentwickelten Siebdruckschichten ... 123

5.6.3 Streuwirkung siebgedruckter Glasmatrices ... 126

5.7 OLEDs mit eingebauter Lichtauskopplungsschicht ... 128

5.7.1 Herstellungsprozess der OLED ... 128

5.7.2 Elektrooptische Charakterisierung von OLEDs mit Streuschicht ... 129

5.8 Schlussbetrachtung ... 134

6 Ausblick ... **137**

Literaturverzeichnis ... **I**

Anhang ... **XIII**

Abbildungsverzeichnis ... **XIX**

Tabellenverzeichnis ... **XXXI**

Symbole und Abkürzungen ... **XXXV**

Zusammenfassung

Im Rahmen dieser Arbeit wurden bleifreie, niedrigschmelzende und hochbrechende Spezialgläser mit dem Ziel synthetisiert, diese als Streuschicht in einer organischen Leuchtdiode (OLED) zu verarbeiten, um die interne Lichtauskopplung zu erhöhen. Dazu wurden vorwiegend Bi_2O_3- respektive TeO_2-haltige Gläser auf Basis eines B_2O_3- und/oder SiO_2-Netzwerks hergestellt. Darüber hinaus wurden der Einfluss und die Wirkungsweise verschiedener Oxide auf diese Glassysteme analytisch erfasst. Ausgewählte Gläser wurden als Pulver zusammen mit 1-3 µm großen TiO_2- oder SiO_2-Streupartikeln zu einer Paste verarbeitet, in einem Siebdruckprozess auf ein Substrat aus Kalk-Natron-Silicatglas appliziert und abschließend verglast. Um daraus eine funktionsfähige OLED herzustellen wurde in einem Reinraumprozess auf die Komponente aus Substratglas und Streuschicht eine Schichtabfolge aus ITO-Anode, Emitterschichten und Kathode aufgebracht. Um eine thermische Anpassung der Glasstreuschicht an das Substratglas zu ermöglichen, wurde die chemische Zusammensetzung der Glasgemenge entsprechend optimiert. Ein konsekutiver Ansatz verfolgte eine Anpassung der Wärmeausdehnung mittels SiO_2-Füllstoffen, welche gleichzeitig als Streukörper in der Glasmatrix fungierten. Als besonders geeignet stellten sich Gläser aus dem System Bi_2O_3-B_2O_3-SiO_2-ZnO-SrO-BaO (B:BSZSB) heraus. Mit ihnen konnten neben der Anpassung der Wärmeausdehnung an das Substrat auch die Brechzahlanpassung an die ITO-Anode mit $n_d = 1{,}90 \pm 0{,}1$, eine Transformationstemperatur $T_g < 450$ °C und eine hohe Transmission im sichtbaren Bereich gewährleistet werden. Diese Gläser ließen sich als Streuschicht bei Temperaturen zwischen 560-590 °C nahezu defektfrei und mit hoher Oberflächengüte verglasen und in einem Reinraumprozess zu einer OLED prozessieren.

Der Weg vom synthetisierten Glas zu einer Streuschichtmatrix, im Besonderen die Glaspulverherstellung und deren Weiterverarbeitung zu einer dicht gesinterten Siebdruckschicht, waren zentrale Themen dieser Arbeit. Diverse Mahlungen mit einer Mörsermühle sowie einer Planetenkugelmühle und Rührwerkskugelmühle bestätigten die bereits bekannte Erkenntnis, dass das Aufschmelzverhalten eines Glaspulvers in entscheidender Weise von der Partikelgröße, -verteilung und -form abhängig ist. Als ideal für die Verglasung von B:BSZSB-haltigen Schichten stellte sich ein Partikeldurchmesser

d_{90} = 4,76 µm und eine möglichst enge Kornverteilung aus abgerundeten Partikeln dar. Die Partikel sollten dabei idealerweise gleichverteilt sein. Herstellen ließ sich eine derartige Verteilung in einer sechsstündigen Mahlung mittels Planetenkugelmühle bei 450 $U \cdot min^{-1}$ mit Achatkugeln des Durchmessers 3 mm.

Ziel war es, die Auskoppeleffizienz der OLED mittels Glasstreuschicht um mindestens 50 % zu steigern, konkret bedeutet das, eine Lichtausbeute von $\eta \geq 40\ lm \cdot W^{-1}$ zu erreichen. Dazu wurde das hier behandelte Konzept der Lichtauskopplung in Laborversuchen validiert. Des Weiteren wurde neben den eigenentwickelten Streuschichten ein begleitender Benchmark von bleihaltigen und bleifreien kommerziellen Systemen durchgeführt. Das optimale Streuvermögen für die Lichtextraktion aus einer OLED konnte durch einen *Haze* von 0,6-0,9 erzielt werden. Maßgebliche Parameter für das Streuvermögen sind die Schichtdicke und die darin enthaltene Streupartikelkonzentration. Die höchste Lichtausbeute von $\eta = 55\ lm \cdot W^{-1}$ konnte für OLEDs mit einer eigenentwickelten 15 µm dicken Streuschicht der Zusammensetzung $23Bi_2O_3$-$38B_2O_3$-$4SiO_2$-24ZnO-4SrO-7BaO (mol-%) und einer Streupartikelkonzentration von 2,5 Vol.-% TiO_2 realisiert werden. Im Vergleich zur Referenz-OLED ohne Streuschicht ($\eta = 26\ lm \cdot W^{-1}$) entspricht die erzielte Lichtausbeute, bei einer konstanten Leuchtdichte von 2000 $cd \cdot m^{-2}$, einer Steigerung um 110 %. Somit kann das genannte Projektziel als deutlich übertroffen angesehen werden.

Die experimentelle Realisierung der in dieser Arbeit vorgestellten bleifreien und hochbrechenden Glasstreuschichten sowie die Entwicklung der hierfür nötigen Prozesse und Materialien konnten erfolgreich umgesetzt werden. Die Übertragung des Prozesses vom Labormaßstab in die industrielle Fertigung im Reinraum konnte durch die Übergabe des Beschichtungsverfahrens inklusive aller nötigen optimierten Prozessschritte und -parameter an die OSRAM OLED GmbH gewährleistet werden. Der Prozessablauf wurde in die laufenden Prozessschritte der OLED-Fertigung implementiert. Ein entsprechend konzipierter partikelreduzierter, reinraumtauglicher Ofen für den Schichteinbrand wurde im Reinraum installiert.

Abstract

In this thesis, lead-free, low-melting and high-refractive specialty glasses were synthesized with the objective of processing them as a scattering layer in an organic light-emitting diode (OLED) to increase internal light extraction. For this purpose, mainly Bi_2O_3- or TeO_2-containing glasses based on a B_2O_3- and/or SiO_2-network were produced. In addition, the influence and the structural role of various oxides on these glass systems were recorded analytically. A paste made of glass powder (synthesized specialty glass) and TiO_2- or SiO_2-scattering particles (1-3 µm) was applied in a screen printing process to a substrate made of soda lime silicate glass and subsequently glazed. In order to process a functional OLED, a layer sequence of ITO anode, emitter layers and cathode was applied in a clean room process to the component made of glass substrate and scattering layer. To allow a thermal adjustment to the substrate glass, the chemical composition of the glass batch has been optimized. A consecutive approach followed an adjustment of the thermal expansion by means of SiO_2-fillers, which simultaneously acted as scattering elements in the glass matrix. Glasses of the system Bi_2O_3-B_2O_3-SiO_2-ZnO-SrO-BaO (B:BSZSB) turned out to be particularly suitable. In addition to the adjustment of the thermal expansion to the substrate, the adjustment of the refractive index to the ITO anode of $n_d = 1.90 \pm 0.1$, a transformation temperature $T_g < 450$ °C and a high transmission in the visible range could be realized with the B:BSZSB glass system. It was possible to glaze these glasses almost defect-free and with high surface quality as a scattering layer at temperatures between 560-590 °C. In an additional clean room process these scattering layers were further processed to an OLED.

The way from the synthesized glass to a scattering layer matrix, in particular the production of a glass powder and its further processing into a densely sintered screen printing layer, were central topics of this work. Various grinding methods with a mortar grinder, a planetary ball mill and an agitator bead mill confirmed the already known finding that the melting behavior of a glass powder is decisively dependent on the particle size as well as its distribution and shape. Ideal for glazing B:BSZSB-containing layers was a particle diameter of $d_{90} = 4.76$ µm and a preferably narrow particle size distribution of rounded particles. The particles should ideally be evenly distributed. Such a distribution could be prepared in a six-hour grinding by a planetary ball mill at 450 rpm with agate balls of 3 mm diameter.

The objective was to increase the outcoupling efficiency of the OLED by at least 50% with a scattering layer made of specialty glass. In concrete terms, this means achieving a luminous efficacy of $\eta \geq 40\ lm \cdot W^{-1}$. For this purpose, the concept of light extraction based on a scattering layer was confirmed in laboratory experiments. Furthermore, an accompanying benchmark of lead-containing and lead-free commercial systems was carried out in addition to the self-developed scattering layers. The optimum scattering potential for the light extraction from an OLED could be achieved by a Haze of 0.6-0.9. Decisive parameters for the scattering potential are the layer thickness and the scattering particle concentration contained therein. The highest luminous efficacy of $\eta = 55\ lm \cdot W^{-1}$ was achieved for OLEDs with a self-developed 15 µm thick scattering layer of the composition $23Bi_2O_3$-$38B_2O_3$-$4SiO_2$-24ZnO-4SrO-7BaO (mol-%) and a scattering particle concentration of 2.5 vol.-% TiO_2. Compared to the reference OLED without a scattering layer ($\eta = 26\ lm \cdot W^{-1}$), the achieved luminous efficacy at a constant luminance of 2000 $cd \cdot m^{-2}$ corresponds to an increase of 110 %. Thus, the stated project goal can be regarded as clearly exceeded.

The experimental realization of the lead-free and high-refractive glass scattering layers presented in this thesis as well as the development of the necessary processes and materials were successfully implemented. The transfer of the process from the laboratory scale to the industrial production in the clean room could be ensured by handing over the coating process including all necessary optimized process steps and parameters to OSRAM OLED GmbH. The process flow was implemented in the current process steps of the OLED production. An appropriately designed particle-reduced, clean room compatible furnace was installed to glaze the glass scattering layers in the clean room.

1 Einleitung

Neue und innovative Lichtkonzepte treiben den technologischen Wandel in der Beleuchtungsindustrie voran. Ursache für den starken Umbruch in der Lichtindustrie ist unter anderem die EuP-Richtlinie (Eco-Design Requirements for **E**nergy-**u**sing **P**roducts), welche Anforderungen an die umweltgerechte Gestaltung elektrischer Geräte festlegt. Darunter fallen sowohl die Bereiche Haushaltsbeleuchtung als auch Straßen-, Büro- und Industriebeleuchtung [77]. Der fortlaufende Rückgang der Verkaufszahlen, unter anderem bei klassischen Glühlampen sowie Halogenstrahlern und Kompaktleuchtstofflampen, macht die klare Trendwende deutlich. Künftig wird die LED-Technik *(engl. Light-Emitting Diode)* auf dem allgemeinen Lichtmarkt sowie im Spezialbeleuchtungssegment des Fahrzeugbaus eine dominierende Rolle einnehmen [120]. Hierzu zählt auch die organische Schwestertechnologie OLED *(engl. Organic Light-Emitting Diode)*. Diese Halbleitertechnologie ist aufgrund der deutlich kürzeren Entwicklungszeit gegenüber der LED in geringerem Maße ausgereift, dennoch haben organische Leuchtdioden seit den ersten Prototypen eine beeindruckende Entwicklung hinter sich. Gerade im Hinblick auf das Einsatzgebiet bieten OLEDs aufgrund ihrer 100-500 nm[1] dünnen und flächigen Bauweise völlig neue und revolutionäre Perspektiven. Besonders im Displaybereich wird die LED-Technologie immer mehr durch OLED-Anwendungen abgelöst. Der Kundenwunsch tendiert zu immer flacheren Displays, mit sehr hohem Kontrastverhältnis, leuchtenden Farben und tieferen Schwarztönen. Dass die organische Halbleitertechnologie im digitalen Zeitalter nicht mehr wegzudenken ist, zeigen aktuelle Trends z.B. auf der Internationalen Funkausstellung in Berlin.

---

[1] Diese Angabe bezieht sich auf den OLED-Schichtstapel, wobei die Dicke des Substrats nicht berücksichtigt wurde. Die Schichtdicke des Substratglases liegt in der vorliegenden Arbeit bei 700 µm.

Die Steigerung der Effizienz sowie der Lebensdauer von OLEDs sind Forschungsschwerpunkte zahlreicher internationaler Arbeitsgruppen. Auch OSRAM ist mit dem Verbundprojekt OLYMP (**O**rganische **L**ichtemittierende S**Y**steme auf Basis von energie- und kosteneffizienten **M**aterialien und **P**rozessen) sehr daran interessiert, die OLEDs auf dem Massenmarkt attraktiver zu gestalten. Das vom BMBF (Bundesministerium für Bildung und Forschung) geförderte Projekt ist ein Verbund namhafter deutscher Firmen, die sich das Ziel gesetzt haben, die OLED zur Marktreife zu führen. Mittelfristig soll die OLED so effizient wie die LED werden und darüber hinaus auf längere Sicht biegsam und vollkommen transparent [81]. Ein Teilvorhaben, in dem diese Promotionsarbeit eingegliedert ist, ist die „Steigerung der Extraktionseffizienz von organischen lichtemittierenden Systemen mit skalierbaren sowie kosteneffizienten Materialien und Prozessen“.

2 Zielsetzung und Lösungsstrategie

Diverse optische Verluste in der Schichtstruktur einer OLED (Kapitel 3.1.2) führen dazu, dass nur etwa 20 % des generierten Lichts ausgekoppelt werden. Dieser Sachverhalt wird mit der externen Quanteneffizienz[2] einer OLED beschrieben, die sich aus der internen Quanteneffizienz[3] und der Auskoppeleffizienz[4] zusammensetzt.

In dieser Arbeit wird eine Maßnahme beschrieben, um die Auskoppeleffizienz einer OLED zu steigern. Es wird folglich die Helligkeit der OLED erhöht. Auf die interne Quanteneffizienz wird im weiteren Verlauf nicht näher eingegangen, da mittlerweile durch die Wahl geeigneter Materialien und Schichtstrukturen Werte nahe 100 % erreicht werden können [96]. In der Literatur sind zahlreiche Arbeiten zu finden, welche sehr unterschiedliche Ansätze verfolgen, die Lichtextraktion aus einer OLED zu erhöhen. Eine umfangreiche Zusammenfassung hierzu gibt [103], wobei sowohl Änderungen am OLED-Substrat (spezielle Strukturierung und Formung) als auch Streuschichten, Mikrolinsenanordnungen *(engl. micro-lens arrays)*, photonische Kristalle und Mikro-/Nanohohlraumanordnungen *(engl. micro-/nano-cavity structures)* diskutiert werden.

Übergeordnetes Projektziel ist es, die Auskoppeleffizienz um mindestens 50 % zu steigern und damit die Gesamteffizienz der OLED zu erhöhen. Konkret bedeutet das, eine Lichtausbeute von $\eta \geq 40\ \mathrm{lm \cdot W^{-1}}$ zu erreichen. Die experimentelle Realisierung der in dieser Arbeit vorgestellten hochbrechenden Glasstreuschichten sowie die Entwicklung der hierfür nötigen Prozesse und Materialien leisten einen Beitrag zur Steigerung der Gesamteffizienz.

Streuschichten sind ein effektives Werkzeug zur Lichtauskopplung und führen zu keiner Farbverschiebung über den Betrachtungswinkel. Darüber hinaus

---

2 Diese spektrale Größe spiegelt den Wirkungsgrad einer OLED wider und wird durch das Verhältnis von emittierten Photonen zu injizierten Elektronen angegeben [7].

3 Intrinsischer Wirkungsgrad, welcher das Verhältnis von strahlender und nichtstrahlender Rekombination im Quantenfilm erfasst [104].

4 Verhältnis zwischen dem Anteil der Photonen, welche durch das OLED-Bauteil nach außen treten und der insgesamt erzeugten Photonen in der aktiven Zone [104].

ist die Abstrahlcharakteristik symmetrisch und folgt einem Lambert-Strahler [103]. Realisiert wird diese Streuschicht mit Hilfe einer Matrix auf Basis eines hochbrechenden Spezialglases, welche zwischen Glassubstrat und ITO-Anode (Indiumzinnoxid, *engl. Indium Tin Oxide*) eingebracht wird (Abbildung 1).

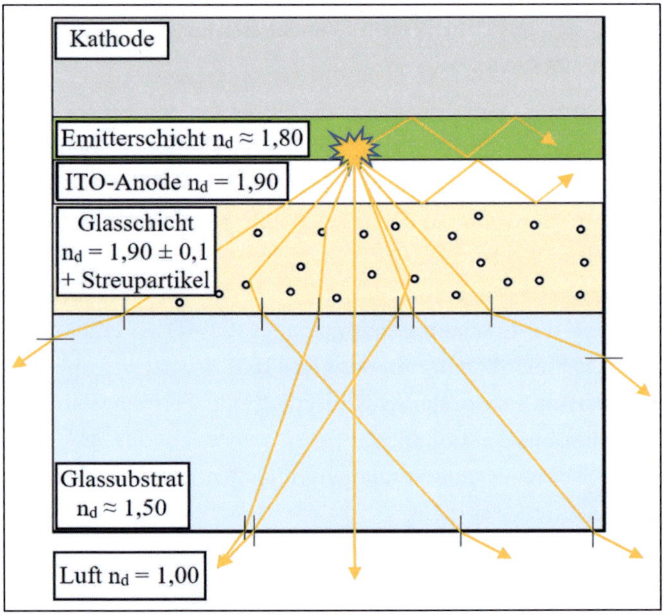

Abbildung 1: Nicht maßstäbliche Darstellung einer einfachen OLED-Schichtstruktur mit integrierter hochbrechender Glasstreuschicht zwischen ITO-Anode ($n_d = 1{,}90$) und Glassubstrat (Kalk-Natron-Silicatglas, $n_d \approx 1{,}50$). Prinzip der Umlenkung des emittierten Lichts an den Streupartikeln in der Glasmatrix und der anschließenden Auskopplung am Übergang zwischen Glassubstrat und Luft ($n_d = 1{,}00$).

Der Brechungsindex des Glases ist mit n_d[5] = 1,90 ± 0,1 an die ITO-Anode ($n_d = 1{,}90$) angepasst und bzgl. des Erweichungsverhaltens mit dem OLED-Substratglas kompatibel. Die Anpassung des Erweichungsverhaltens der Glasmatrix an das OLED-Substrat ist von entscheidender Bedeutung und so

[5] Ermittelter Brechungsindex bei einer Wellenlänge von $\lambda = 587{,}56$ nm (Tabelle 1).

zu wählen, dass die Erweichungstemperatur der Glasschicht unter der Erweichungstemperatur des Substrats liegt ($T_{Erw.\ Schicht} < T_{Erw.\ Substrat}$). Nur so ist im Verglasungsprozess, d.h. beim Versintern der streupartikelhaltigen Glaspaste zu einer dichten Glasstreuschicht, gewährleistet, dass sich das Substrat nicht verformt, bevor die Glaspartikel die letztendliche Glasmatrix geformt haben. Als eingebettete Streuzentren werden insbesondere oxidische Partikel (TiO_2 oder amorphes SiO_2) eingesetzt, welche sich im Brechungsindex deutlich von der Glasmatrix unterscheiden. Weitere Anforderungen an die Glasmatrix sind detailliert in Kapitel 3.3.1 geschildert.

Konkret werden zwei Ansätze verfolgt, eine substratkompatible Streuschicht zu entwickeln.

Der erste Ansatz beruht darauf, durch Veränderungen der chemischen Zusammensetzung des Glasgemenges[6] die gewünschten Eigenschaften der Glasmatrix zu generieren. Dazu werden verschiedene Glassysteme auf ihre Eignung untersucht und die Wirkungsweise verschiedener Oxide im Gesamtsystem studiert und analysiert. Dadurch wird es möglich, die Gläser gezielt einzustellen und damit die optischen und thermischen Eigenschaften der Glasschichten zu beeinflussen.

Der konsekutive zweite Ansatz beruht auf der Einbringung von amorphem SiO_2 als Füllstoff in die erschmolzene Glasmatrix aus dem ersten Ansatz. Dieser Füller dient nicht wie im ersten Ansatz zur ausschließlichen Lichtstreuung, sondern gleichzeitig zur thermischen Anpassung der Glasschicht an das Substrat. Selbst wenn durch Variation der Gemengekomponenten (erster Ansatz) das Glas nicht vollständig den Anforderungen aus Kapitel 3.3.1 genügt, ist gegebenenfalls eine nachträgliche Anpassung der thermischen Eigenschaften durch den Füllstoff möglich.

Auch dem Umweltgedanken wird im Entwicklungsstadium der Glasschicht Rechnung getragen, weshalb die Glasmatrix in Anlehnung an RoHS *(engl. Restriction of Hazardous Substances)* bleifrei gestaltet wird [28].

---

6 Als Gemenge wird in der Glasindustrie ein Gemisch aus Rohstoffen bezeichnet, dessen Reaktion während eines Schmelzprozesses zur Entstehung eines Glases führt.

Das Prinzip in Abbildung 1 beruht darauf, das in den organischen Schichten der OLED geführte Licht nutzbar zu machen, bevor es durch Absorptionsvorgänge verloren geht. Es wird somit durch die Auskoppelschicht (Glasstreuschicht) so beeinflusst, dass es zumindest in das OLED-Glassubstrat extrahiert wird.

3 Theoretische Grundlagen

Dieses Kapitel führt in die zentralen Themenschwerpunkte dieser Arbeit ein.

Es werden sowohl der Aufbau und die Funktionsweise organischer Leuchtdioden (OLEDs) als auch die optischen Verluste, welche sich beim Betrieb ergeben, erläutert.

Darüber hinaus wird eine ganzheitliche Definition des Begriffs „Glas“ erarbeitet und die Theorie zur Glasbildung und Glasstruktur besprochen.

Nachfolgend werden thermische und optische Glaseigenschaften beschrieben, welche besonders bei der Herstellung von niedrigschmelzenden, hochbrechenden und bleifreien Spezialgläsern von Bedeutung sind.

Abschließend werden diese Spezialgläser sowie deren geforderte Eigenschaften als Matrixglas näher erläutert und eine Zusammenfassung der dazu durchgeführten Literaturrecherche gegeben.

3.1 Organische Leuchtdioden

> *"OLEDs don't get as much publicity as LEDs, because they're a good five to seven years behind their inorganic cousins in terms of commercial deployment. But they have considerable potential to save energy, as well as a number of other advantages."* [1]

Diese Aussage spiegelt die Lage am Lichtmarkt wider. Lichtemittierende Dioden (LEDs) sind in aller Munde und die Ausgereiftheit dieser Technologie gegenüber OLEDs ist aufgrund der deutlich längeren Entwicklungszeit auch verständlich. Dennoch bietet die OLED gegenüber der LED Vorteile, welche die Forschung an diesem innovativen Leuchtmittel so reizvoll macht. OLEDs sind beispielsweise keine Punktlichtquellen, sondern sehr dünne, leichte und gleichmäßig leuchtende Flächenstrahler ohne Schattenwurf. Darüber hinaus produzieren sie keine Abwärme, wodurch der Einsatz von Kühlkörpern unnötig wird. Bereits jetzt finden sich OLEDs in zahlreichen Anwendungen des Alltags wieder, sei es als komplex geformte Rücklichter in modernen PKWs der Oberklasse [79], als kontrastreiche Displays in Smartphones und Fernsehern [56] oder als futuristisches Element im Lichtdesign [78].

Die vorliegende Arbeit, welche bei OSRAM Augsburg entstand, bezieht sich primär auf die Entwicklung einer einzelnen Glasstreuschicht und deren Aufbringung auf dem Trägersubstrat einer OLED. Alle weiteren Prozessschritte, von der Abscheidung diverser funktioneller Schichten (Abbildung 2 (a)) bis hin zur betriebsbereiten OLED, wurden von Projektpartnern der OSRAM OLED GmbH, Regensburg, übernommen. Da der Fokus dieses Teilvorhabens auf der Entwicklung einer Glasstreuschicht liegt, werden im Folgenden nur grundlegende Aspekte der OLED besprochen. Der Aufbau, die Funktionsweise sowie die optischen Verluste in einer OLED werden dargestellt, um dem Leser ein Gesamtbild der Thematik zu vermitteln und das Verständnis zu vertiefen.

3.1.1 Aufbau und Funktionsweise

Aufbau

Eine organische Leuchtdiode *(engl. Organic Light-Emitting Diode, OLED)* ist ein Dünnschichtbauelement, welches im Wesentlichen aus mehreren organischen, lichtemittierenden Schichten zwischen zwei Elektroden besteht (Abbildung 2 (a)). Damit das in der Emitterschicht generierte Licht das Bauteil verlassen kann, muss mindestens eine der beiden Elektroden transparent sein. Im Falle einer bottom-emittierenden OLED ist dies eine aus transparentem und leitfähigem ITO *(engl. Indium Tin Oxide)* bestehende Anode, welche in einem Sputterprozess aufgebracht wird. Die Kathode, welche meist aus einem nichttransparenten Material mit niedriger Elektronenaustrittsarbeit besteht (z.B. Al, Mg/Ag, Ca) und als Reflektor fungiert, bildet die Gegenelektrode. Die Emitterschicht selbst besteht entweder aus niedermolekularen organischen Farbstoffmolekülen *(engl. Small Molecules; SMOLEDs)* oder Derivaten eines konjugierten elektrolumineszenten Polymers (PLEDs) wie Poly(p-Phenylen-Vinylen) (PPV). Für die Leitung der Elektronen als auch zum Einsatz als effizienter grüner Emitter eignet sich der Metallchelatkomplex Aluminium-tris(8-Hydroxychinolen) (Alq3). Lochleitungsschichten bestehen unter anderem aus diarylamino-substituiertem Triphenylamin (TPA) [19; 40].

Weitere Schichten in einer effizienten OLED sind Injektions- und Blockschichten für Elektronen und Löcher, auf deren komplexe chemische Zusammensetzung nicht näher eingegangen wird. Alle Schichten einschließlich der Elektroden sind in der Regel dünner als 1 µm, weswegen als stabilisierende Basis ein Substrat aus Glas oder Polymerfolie verwendet wird. In unflexiblen OLEDs werden Glassubstrate aus Borosilicatglas (BOROFLOAT®) oder wie in dieser Arbeit Kalk-Natron-Silicatglas eingesetzt. Die organischen Schichten sind gegenüber Feuchtigkeit und Sauerstoff empfindlich und würden ohne zusätzlichen Schutz degradieren. Eine Möglichkeit, diese Degradation zu verhindern, ist die sogenannte Dünnschichtverkapselung. Hierbei wird eine amorphe und sehr dichte Oxidschicht auf der Kathode aufgebracht und zur mechanischen Stabilisierung mit einem Glaslaminat oder einer Lackbeschichtung verstärkt.

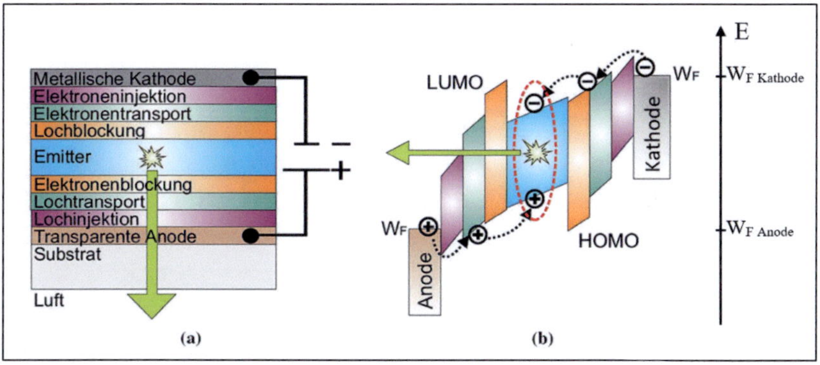

Abbildung 2: (a) Schematische Schichtstruktur einer bottom-emittierenden OLED mit transparentem Substrat und Anode, auf der ein Schichtstapel aus Injektions-, Transport- und Blockschichten für Elektronen und Löcher aufgebracht wurde. Der grüne Pfeil deutet den Weg des Lichts aus der Emitterschicht an. (b) Rekombination von Elektronen und Löchern in der Emitterschicht einer OLED zu einem Exziton (rot). Schwarze Pfeile verbildlichen den Hopping-Prozess der Elektronen und Löcher. W_F bezeichnet das Fermi-Niveau[7] der Kathode bzw. Anode [7].

[7] Als Fermi-Niveau wird das höchste Energie-Niveau bezeichnet, welches bei einer Temperatur von T = 0 K von Elektronen besetzt wird [70].

Funktionsweise

Um die Funktionsweise organischer Halbleiter beschreiben zu können, werden die Begriffe „HOMO“ (*engl. Highest Occupied Molecular Orbital*; Energieniveau des höchsten besetzten Molekülorbitals) und „LUMO“ (*engl. Lowest Unoccupied Molecular Orbital*; Energieniveau des niedrigsten unbesetzten Molekülorbitals) eingeführt [80]. Wird zwischen Anode und Kathode eine Spannung von etwa 2-4 V [96] angelegt, werden kathodenseitig Elektronen in das LUMO des aktiven Materials und anodenseitig Löcher (positiv geladene Ladungsträger) [3] in das HOMO des organischen Materials injiziert. Diese Ladungsträger, welche sich über Hopping-Prozesse durch die entsprechenden Transportschichten aufeinander zubewegen, rekombinieren in einer Emissionsschicht zu einem Elektron-Loch-Paar, dem Exziton (Banddiagramm, Abbildung 2 (b)). Die in Abbildung 2 (a) dargestellten Blockschichten verhindern das Durchwandern der Ladungsträger im Schichtstapel [7]. Exzitonen sind nach außen elektrisch neutral und transportieren lediglich ihre Anregungsenergie. Entweder stellt das Exziton den angeregten Zustand des Farbstoffmoleküls in der Emitterschicht dar, andernfalls liefert der Zerfall des Exzitons die Energie zur Anregung des Farbstoffmoleküls. Wenn das angeregte Farbstoffmolekül in den Grundzustand übergeht, wird ein Photon ausgesendet. Je nach Energieabstand zwischen angeregtem und Grundzustand (HOMO-LUMO-Lücke) variiert die Farbe des ausgesendeten Lichts, welche durch den gezielten Einsatz organischer Materialien und durch Variation der Farbstoffmoleküle beeinflusst werden kann [122]. In Bezug auf Farbstoffmoleküle wird zwischen fluoreszierenden und phosphoreszierenden Emittern differenziert (Abbildung 3). Der Unterschied besteht darin, dass bei phosphoreszierenden Emittern sowohl Singulett- als auch Triplett[8]-Exzitonen strahlend zerfallen, während bei fluoreszierenden Emittern drei Viertel der Exzitonen (Triplett-Exzitonen) kein Lichtquant abgeben. Da der maximale intrinsische Wirkungsgrad somit nur 25 % beträgt, wird der Einsatz von fluoreszierenden Emittern vermieden, wobei diese gegenüber den phosphoreszierenden

[8] Begriffe aus der Quantenmechanik, die die Orientierung des Spin-Vektors eines Elektrons im Raum angeben. Nach der Multiplizität 2S+1, wobei S den Gesamtspin bezeichnet, bilden Elektronen mit entgegengesetztem Spin ± ½ nach S = 0; 2S+1 = 1 den Singulett-Zustand, Elektronen mit gleichem Spin bilden nach S = 1; 2S + 1 = 3 den Triplett-Zustand.

Emittern gerade im kurzwelligen Spektralbereich die höhere Lebensdauer aufweisen [80].

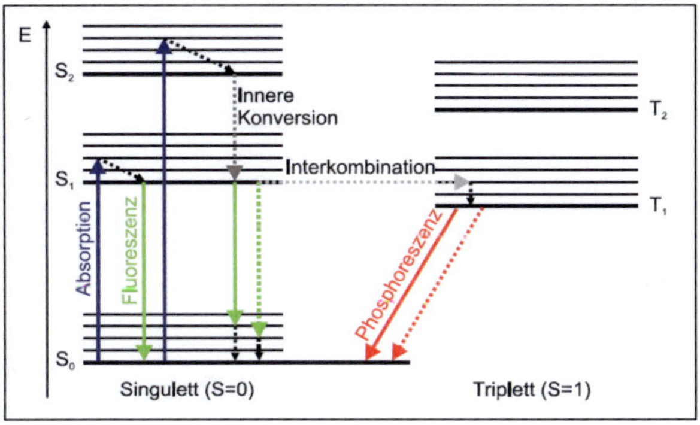

Abbildung 3: Jablonski-Diagramm eines organischen Moleküls: Blaue Pfeile symbolisieren die Anregung eines Farbstoffmoleküls durch Absorption eines Photons vom Singulett-Grundzustand in einen höheren Singulett-Zustand. Fluoreszenz (grüne Pfeile) findet statt, wenn die angeregten Singulett-Zustände strahlend zerfallen. Kommt es aufgrund von Spin-Bahn-Kopplungen zu einer Interkombination und einer anschließend strahlenden Relaxation im Triplett-Zustand, findet Phosphoreszenz (roter Pfeil) statt. Strahlungslose Übergänge sind mit gepunkteten Pfeilen angedeutet [96].

3.1.2 Optische Verluste in OLEDs

Um die Quanteneffizienz (QE) einer OLED charakterisieren zu können, wird nach [30] folgende Gleichung formuliert:

$$\eta_{ext} = \eta_{int} \cdot \eta_{aus} \tag{3-1}$$

Dabei setzt sich die externe Quanteneffizienz η_{ext} aus dem Produkt der internen Quanteneffizienz η_{int}[9] und der Auskoppeleffizienz η_{aus} zusammen (Kapitel 2). Durch die geschickte Auswahl von Materialien und der Anpassung des Schichtstapels *(engl. stack)* werden mittlerweile interne Quanteneffizien-

---

[9] Die interne Quanteneffizienz beinhaltet das Ladungsträger-Gleichgewicht, die Exzitonenbildungseffizienz und die Lumineszenzeffizienz.

zen von nahezu 100 % erreicht [103]. Somit ist eine Steigerung der Auskoppeleffizienz η_{aus} nötig, um positiven Einfluss auf die externe Quanteneffizienz zu nehmen. Dies ist ein primäres Ziel dieser Arbeit, weshalb nachfolgend der Begriff „Auskoppeleffizienz“ genauer erläutert wird.

In OLEDs wird das Licht in organischen Emitterschichten mit einem Brechungsindex von $n \approx 1{,}8$ generiert. Die Lichtextraktion von OLEDs auf Glassubstraten wird hauptsächlich durch den hohen Brechzahlkontrast zwischen Organik ($n_d \approx 1{,}80$) bzw. ITO ($n_d = 1{,}90$), Glas ($n_d \approx 1{,}50$) und Luft ($n_d = 1{,}00$) beschränkt (Totalreflexion, Abbildung 4). Bei Betrachtung der Grenzfläche Glassubstrat/Luft in Abbildung 4 fällt auf, dass es einen Winkel geben muss, bei dem der Lichtstrahl nach der Brechung genau in der Grenzfläche verläuft und nicht mehr ausgekoppelt wird. Bei $\theta_2 \geq 90°$ ist der Grenzwinkel θ_{Grenz} der Totalreflexion (Formel (3-3)) erreicht. Dieser ergibt sich nach dem Snelliusschen Brechungsgesetz (Formel (3-2)) wie folgt:

$$\frac{n_{Luft}}{n_{Glas}} = \frac{\sin\theta_1}{\sin\theta_2} \rightarrow \theta_2 = 90° \rightarrow \sin(\theta_2) = 1 \tag{3-2}$$

$$\frac{n_{Luft}}{n_{Glas}} = \sin\theta_1 \rightarrow \theta_1 = \theta_{Grenz} = \arcsin\left(\frac{n_{Luft}}{n_{Glas}}\right) = \arcsin\left(\frac{1{,}00}{1{,}50}\right) = 41{,}8° \tag{3-3}$$

Diese Betrachtung kann für jede Grenzfläche in der OLED durchgeführt werden und ist allein von den Brechungsindices der jeweiligen Schichten abhängig. Voraussetzung für diese Betrachtung ist jedoch eine vollständige Transparenz der Schichten im entsprechenden Wellenlängenbereich, d.h. ein Extinktionskoeffizient $\varepsilon = 0$. Für den obigen Fall Glassubstrat/Luft bedeutet ein Grenzwinkel von 41,8°, dass bei Überschreitung dieses Einfallswinkels kein Licht aus der OLED ausgekoppelt wird, sondern vollständig in das Material reflektiert wird (Winkel der Totalreflexion θ_{Total}, Abbildung 4). Somit muss das Licht in einem kleineren Winkel zum Lot einfallen, um in das optisch dünnere Medium (Luft) gebrochen zu werden.

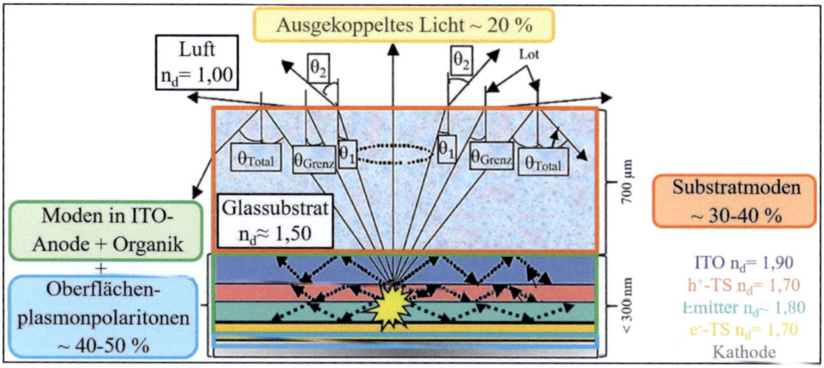

Abbildung 4: Schematische Darstellung der Verlustmoden[10] innerhalb einer OLED. Das nutzbare Licht (~20 %) wird direkt aus der OLED ausgekoppelt. Substratmoden entstehen durch die Totalreflexion an der Grenzfläche zwischen Glassubstrat und Luft, wobei dies einem Anteil von 30-40 % aller generierten Photonen entspricht. Geführte Moden in der ITO-Anode und Organik sowie Oberflächenplasmonpolaritonen bilden mit ca. 40-50 % den größten Verlustkanal [103] (modifiziert).

Wie in Abbildung 4 dargestellt, besteht eine OLED aus sehr dünnen und großflächigen Schichten mit unterschiedlichen Schichtdicken und Brechungsindices, wodurch ein asymmetrischer Schichtwellenleiter entsteht [96]. Dieser Aufbau sorgt dafür, dass ohne weitere technische Hilfsmittel nur etwa 20 % des generierten Lichtes aus dem Bauteil ausgekoppelt werden können. Ein Großteil der Photonen, etwa 40-50 %, verbleibt als geführte Moden im hochbrechenden Teil des OLED-Schichtstapels (Organik + ITO) oder als Oberflächenplasmonpolaritonen[11] an der Grenze zwischen Metall und Organik, wo eine Absorption stattfindet [96]. Wird das emittierte Licht an der Grenzfläche

---

[10] Entsteht zwischen zwei Punkten eine stehende Welle z.B. bei Lichtwellen in einem OLED-Substrat, wird von einer Mode (Substratmode) gesprochen. Weitere Moden können entstehen, wenn stehende Wellen mit unterschiedlichen Knotenpunkten vorhanden sind.

[11] Die Leitungselektronen in einem Metall können als Plasma angesehen werden, wobei in diesem Plasmonen, d. h. Elektronendichteschwankungen auftreten, die sich wellenartig durch das Metall bewegen. Treten diese Dichteschwankungen an einer Metalloberfläche an der Grenze zu Luft auf, spricht man von Oberflächenplasmonen. Sie lassen sich mit transversalen elektromagnetischen Wellen anregen. Oberflächenplasmonen zählen zu den Polaritonen, da eine Kopplung des Lichts mit dem $\vec{E}$-Feld der Plasmonen stattfindet. Polaritonen sind Quasiteilchen, die bei der Wechselwirkung eines angeregten Zustandes, wie beispielsweise eines Exzitons, mit einem elektromagnetischen Feld entstehen.

Substrat/Luft totalreflektiert, dies sind 30-40 % aller generierten Photonen, kann es nur als Substratmode an den Seitenflächen der Schicht austreten. Mit Hilfe von aufwändigen Mikrooptiken ist eine Umlenkung des an den Seiten austretenden Lichts in Richtung Betrachter möglich.

3.1.3 Photometrische Kenngrößen

In diesem Kapitel findet eine Erläuterung zu den photometrischen Kenngrößen Leuchtdichte L und Lichtausbeute η statt, welche in Bezug auf die elektrooptische Prüfung der OLED mit interner Lichtauskoppelschicht (Kapitel 5.7.2) von Bedeutung sind. Diese Kennwerte sind für die Beleuchtungsindustrie von besonderer Wichtigkeit, da sie im Gegensatz zu den radiometrischen Kennzahlen mit der Empfindlichkeit des menschlichen Auges V (λ) (Maximum bei $\lambda = 555$ nm) gewichtet werden.

Leuchtdichte L

Als relatives Maß für die empfundene Helligkeit einer selbstleuchtenden oder aber beleuchteten Fläche wird die Leuchtdichte L angegeben. Sie wird häufig zur Charakterisierung von Flächenstrahlern wie beispielsweise der OLED verwendet. Berechnet wird die Leuchtdichte L nach Formel (3-4) aus der Lichtstärke I und der Leuchtfläche A, welche unter einem Winkel α zur senkrechten Fläche der Blickrichtungsachse geneigt sein kann.

$$L = \frac{dI}{dA \cdot \cos \alpha} \tag{3-4}$$

Die Leuchtdichte wird üblicherweise in Candela pro Quadratmeter ($cd \cdot m^{-2}$)[12] angegeben. Besitzt eine Lichtquelle eine über den Winkel konstante Leuchtdichte L, erscheint sie dem Betrachter über jeden Betrachtungswinkel gleich hell und wird als Lambert-Strahler bezeichnet [25; 97; 123].

[12] Im US-amerikanischen Raum wird für die Leuchtdichte häufig die Einheit Nit verwendet: $1\ nt = 1\ cd \cdot m^{-2}$

Von der Beleuchtungsindustrie wird eine Leuchtdichte von 2000 $cd\cdot m^{-2}$ angestrebt, da diese optischen Strahler blendfrei sind.

Lichtausbeute η

Da in dieser Arbeit eine Effizienzbetrachtung bei OLEDs mit interner Lichtauskopplung stattfindet, ist die Lichtausbeute η eine wichtige Kenngröße. Sie gibt die für eine bestimmte Lichtemission nötige einzubringende elektrische Leistung an. Errechnet wird die Lichtausbeute, welche die Einheit ($lm\cdot W^{-1}$) trägt, aus dem Verhältnis des abgestrahlten Lichtstroms Φ zur erforderlichen elektrischen Leistung P (Formel (3-5)).

$$\eta = \frac{\Phi}{P} \qquad (3\text{-}5)$$

Eine idealisierte verlustfreie Lichtquelle, welche die gesamte eingebrachte Leistung P in Licht einer Wellenlänge von $\lambda = 555$ nm umwandeln könnte, hätte $\eta = 683\ lm\cdot W^{-1}$ [25].

Die unter Kapitel 5.7.2 hergestellten Referenz-OLEDs ohne Streuschicht weisen bei einer Leuchtdichte von 2000 $cd\cdot m^{-2}$ eine Lichtausbeute von $\eta = 26\text{-}28\ lm\cdot W^{-1}$ auf. Ziel dieser Arbeit ist die Steigerung der Lichtausbeute auf $\eta \geq 40\ lm\cdot W^{-1}$, was durch die Einbringung einer hochbrechenden Glasstreuschicht in die OLED erreicht werden soll.

3.2 Glas

Glas ist ein Werkstoff, der seit etwa sieben Jahrtausenden ununterbrochen verwendet wird und in hohem Maße unser tägliches Leben bestimmt. Dieser Werkstoff hat den Weg von Anbeginn der ersten urzeitlichen künstlich erzeugten Gläser über Handwerk und Manufaktur bis ins heutige industrielle Zeitalter gefunden und erfährt durch Forschung und Entwicklung fortlaufend neue Anwendungsgebiete [84].

Glas bildet auch die Grundlage für die in dieser Arbeit hergestellten Streuschichtmatrices zur Steigerung der Auskoppeleffizienz in OLEDs. Um jedoch maßgeschneiderte Spezialgläser entwickeln zu können (Kapitel 4.2), ist die

Kenntnis glastechnischer Grundlagen entscheidend. Zu diesem Zweck werden in den folgenden Kapiteln der Werkstoff Glas definiert und zentrale Theorien zur Glasbildung und Glasstruktur besprochen. Ferner werden Eigenschaften erläutert, welche für diese explizite Anwendung von Bedeutung sind. Abschließend werden die Anforderungen an die Glasmatrix definiert und erfolgversprechende Glassysteme anhand einer Literaturauswertung vorgestellt.

3.2.1 Definition, Glasbildung und Glasstruktur

Definition

Um den Begriff Glas gegenüber Festkörpern bzw. Flüssigkeiten klar abzutrennen, beschreiben simple Definitionen den Werkstoff meist nur ungenügend. Vielmehr ist eine Zusammenfassung mehrerer fundamentaler Beobachtungen, wie es in [107; 139] dargestellt ist, notwendig. Wesentliche Eigenschaften beschreibt [15]. Hier wird Glas als ein anorganisches Schmelzprodukt bezeichnet, das im Wesentlichen ohne Kristallisation erstarrt. Für die Anwendung von Oxidgläsern ist diese Definition ausreichend, andernfalls muss darauf hingewiesen werden, dass heutzutage auch eine Reihe organischer Gläser bekannt sind [31]. Ergänzend wird in [119] vom „Fehlen einer durchlaufenden periodischen Ordnung der Bausteine“ gesprochen, wodurch Gläser den Flüssigkeiten strukturell näherstehen als den Festkörpern. Dies wurde schon durch Tammann [127], der den Glaszustand als Zustand einer eingefrorenen, unterkühlten Flüssigkeit bezeichnet, thermodynamisch definiert. Eine moderne thermodynamische Definition von [35] geht auf Nah-, Mittelbereichs- und Fernordnung ein und unterscheidet den glasigen vom amorphen Zustand. Röntgenbeugungsdiagramme zeigen, dass Gläser und Flüssigkeiten in ihrer Struktur eine Mittelstellung zwischen Festkörpern und Gasen einnehmen. Während die Bausteine eines kristallinen Festkörpers typischerweise auch über große Entfernungen periodisch angeordnet sind (Fernordnung, Abbildung 6 (a)), weisen Teilchenanordnungen in Gläsern nur in unmittelbarer Nachbarschaft eine gewisse Ordnung auf (Nahordnung, Abbildung 6 (b)). Es sei jedoch in diesem Zusammenhang darauf hingewiesen, dass es sich bei Glas nicht um einen amorphen Festkörper handelt. Während bei einem amorphen Festkörper die Nahordnung ungleich der einer Schmelze ist, ist die Nahordnung bei erstarrtem Glas nicht von der Schmelze unterscheidbar [35].

Besonders deutlich wird die Aussage Tammanns bei der Betrachtung des Volumens einer glasig respektive kristallin erstarrenden Schmelze beim Abkühlen (Abbildung 5).

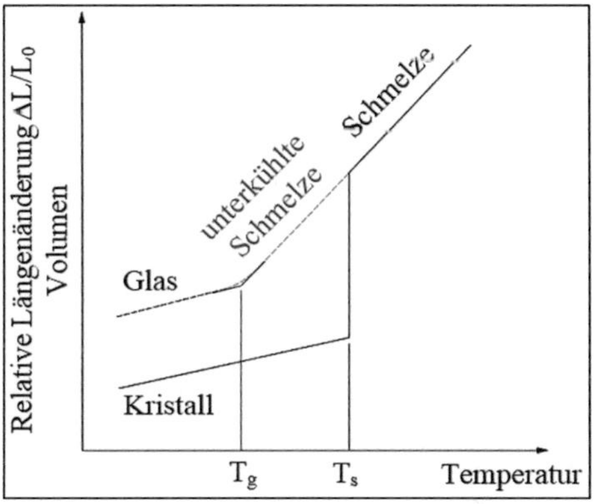

Abbildung 5: Gegenüberstellung der temperaturabhängigen relativen Längenänderung respektive Volumenänderung bei Gläsern und Kristallen. L_0 stellt die ursprüngliche Länge der Probe bei Ausgangstemperatur dar und ΔL die sich bei Temperaturänderung ΔT ergebende Längenänderung. T_s bezeichnet die Schmelztemperatur einer kristallinen Substanz, während T_g die Transformationstemperatur des Glases kennzeichnet [129] (modifiziert).

Im Abkühlprozess einer Schmelze verkleinert sich mit sinkender Temperatur kontinuierlich das Volumen. Nach Erreichen des Punktes T_s (Schmelztemperatur einer kristallinen Substanz) nimmt das Volumen des sich bildenden Kristalls aufgrund von Ordnungsprozessen sprunghaft ab, was den Übergang zwischen flüssig und fest kennzeichnet. Wird die Temperatur weiter reduziert, nimmt das Volumen stetig ab, jedoch mit geringerem Temperaturkoeffizienten.

Beim Abkühlen einer Flüssigkeit, welche im Verlauf glasig erstarrt, wird kein Volumensprung, sondern vielmehr eine kontinuierliche Volumenverringerung festgestellt. Im Bereich der flüssigen unterkühlten Schmelze können sich die Stoffteilchen noch bewegen, weshalb man von einem metastabilen thermodynamischen Gleichgewichtszustand sprechen kann. Kühlt man die Schmelze weiter ab, findet im Transformationsbereich um T_g ein Einfrierprozess statt, in dessen Verlauf die Bewegung der Stoffteilchen zum Erliegen kommt. Glas hat somit die Struktur einer eingefrorenen, unterkühlten Flüssigkeit, da sich die Teilchen nicht rasch genug ordnen konnten. Aufgrund des Vorhandenseins eines Transformationsbereiches, in dem eine fortlaufende Änderung der Viskosität des Glases (Kapitel 3.2.2.1) stattfindet, werden viele technologische Glasverarbeitungsverfahren/Glasbearbeitungsverfahren erst möglich. Hierzu zählen im Wesentlichen Pressen, Ziehen, Blasen oder Walzen.

Glasbildung

Substanzen, die in der Lage sind ohne merkliche Kristallisation von einer flüssigen in eine feste Phase zu gelangen, ohne sich dabei zu zersetzen oder umzuwandeln, besitzen die Fähigkeit zur Glasbildung. Die zentrale Voraussetzung hierfür ist jedoch, dass die Endtemperatur so niedrig sein muss, dass die freie Beweglichkeit der Bausteine zu keiner kristallinen Umwandlung führen kann [31]. Dieser kinetisch gesteuerte Abkühlprozess wird als Glasbildung bezeichnet [8]. Eine detaillierte Auflistung diverser glasbildender Schmelzen wurde von [31] veröffentlicht. Bezüglich der Thematik der vorliegenden Arbeit wird besonders auf die Wichtigkeit oxidischer Glasbildner wie SiO_2, B_2O_3, P_2O_5, GeO_2 und Sb_2O_3 hingewiesen.

Der Begriff Glasbildner leitet sich von den kristallchemischen Studien von Goldschmidt [34] ab, welcher die Ionenradienquotienten von Kation (r_K) zu Anion (r_A) in Beziehung setzte und dadurch Aussagen über die Tendenz zur Glasbildung treffen konnte. Demnach sollen Oxide und einfache Verbindungen nur dann die Fähigkeit zur Glasbildung besitzen, wenn das Verhältnis $r_K : r_A$ zwischen 0,2 und 0,4 liegt.

Glasstruktur

Mit den Vorkenntnissen aus den Arbeiten von Goldschmidt [34] entwickelte Zachariasen [138] seine wegweisende Netzwerktheorie. Nachdem Zachariasen Gläser und Kristalle gleicher Zusammensetzung untersuchte und herausfand, dass sie energetisch nahezu gleich waren, schlussfolgerte er daraus, dass Gläser und Kristalle dieselben Bindungszustände oder Struktureinheiten (in Silicaten z.B. [SiO_4]-Tetraeder) [107] besitzen müssen. Gläser haben im Vergleich zu Kristallen lediglich eine unregelmäßige Anordnung dieser Struktureinheiten im Netzwerk (Abbildung 6 (a) und (b)).

Ein weiterer wichtiger Begriff, der in diesem Zusammenhang eingeführt wird, ist die Koordinationszahl KZ. Das im Verhältnis zum Anion kleinere Kation gruppiert sich im Zentrum des Strukturelements, wobei die KZ der Anzahl an Anionen entspricht, die sich um das zentrale Kation anlagern. Bei Ionenradienverhältnissen bis 0,225, was einer KZ von 3 entspricht, findet eine ebene oder pyramidale Dreierkoordination statt. Bei Werten bis 0,414 (KZ = 4) kommt es zur Ausbildung von Tetraedern. Ionenradienverhältnisse bis 0,732 (KZ = 6) spiegeln eine Oktaederkonfiguration wider [119]. Dementsprechend unterteilt man die am Glasaufbau beteiligten Kationen in Netzwerkbildner/Glasbildner (KZ = 3-4), Netzwerkwandler (KZ $\geq$ 6; z.B. Alkalimetalloxide sowie CaO, SrO und BaO) und Zwischenoxide (KZ = 4-6; z.B. Al_2O_3, ZnO, MgO, PbO etc.) [99]. Netzwerkwandler werden in das Grundgerüst eingebaut und stören die dreidimensionale Vernetzung durch Schaffung von Trennstellensauerstoffen (Abbildung 6 (c)). Die dabei ablaufende chemische Reaktion ist in Abbildung 7 (a) dargestellt und verdeutlicht die „Auflockerung“ des Netzwerks anhand der Einführung von Na_2O in ein Kieselglas.

Der Einbau von Alkalimetallen geht einher mit einer mehr oder weniger starken Änderung der physikalischen und chemischen Eigenschaften der Gläser. Hierzu wird eine ausführliche Erläuterung in Kapitel 3.2.2 und 3.2.3 erfolgen.

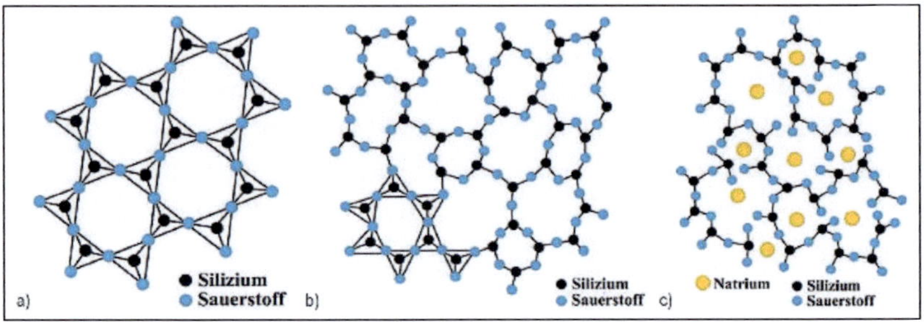

Abbildung 6: Gegenüberstellung der Netzwerke von (a) kristallinem Quarz, (b) Kieselglas und (c) Natriumsilicatglas mit Trennstellen im Netzwerk [5].

Zwischenoxide können je nach Art und Konzentration anderer beteiligter Komponenten die Bildung des Netzwerks unterstützen oder aber das Netzwerk wandeln (Abbildung 7 (b)) [99]. Die Fähigkeit zur Glasbildung als alleinige Komponente ist jedoch nicht möglich.

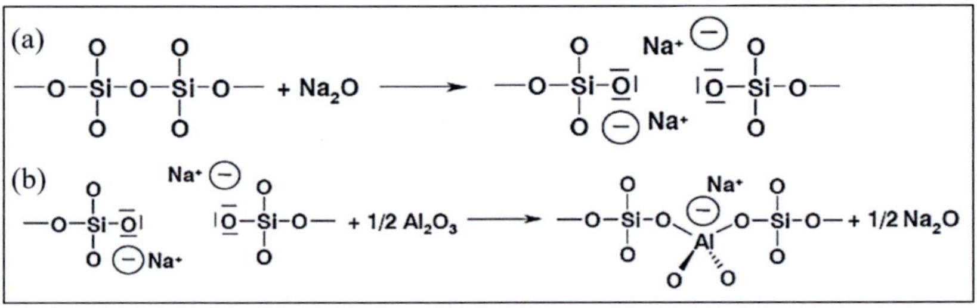

Abbildung 7: (a) „Auflockerung" des Glasnetzwerks durch Schaffung von Trennstellen, dargestellt anhand der Reaktion von Na_2O mit einem Kieselglas. (b) Verfestigung des Glasnetzwerks durch Schließung von Trennstellen, dargestellt an der Reaktion des Zwischenoxids Al_2O_3 mit einem Natrium-Silicatglas [130].

Der Vollständigkeit halber sei noch die Arbeit von Warren [133] erwähnt, der die Netzwerktheorie durch röntgenographische Untersuchungen bestätigte sowie die von Poggemann et al. [86; 85], denen die direkte Abbildung von Silicatnetzwerken im Rasterkraftmikroskop gelang.

3.2.2 Thermische Eigenschaften von Gläsern

Der Werkstoff Glas umgibt uns in vielen Bereichen unseres alltäglichen Lebens, sei es als Fenster-/Displayglas, in Form von Trinkgefäßen, aber auch im Bereich der Medizin, der Beleuchtungstechnik oder der Datenübertragung. Jede dieser Anwendungen verlangt eine genaue Kenntnis über die chemischen und physikalischen Eigenschaften der Gläser. Erst durch die gezielte Veränderung der chemischen Zusammensetzung oder durch die Beeinflussung der Struktur können die für den jeweiligen Anwendungszweck geforderten Glaseigenschaften erreicht werden [94].

Nachfolgend werden thermische Glaseigenschaften beschrieben, welche besonders bei der Herstellung von bleifreien, niedrigschmelzenden und hochbrechenden Spezialgläsern von Bedeutung sind. Diese sind im Wesentlichen die Viskosität sowie die Wärmeausdehnung.

3.2.2.1 Viskosität

Im Allgemeinen ist unter dem Begriff Viskosität η (in Pa·s)[13] die Eigenschaft einer Flüssigkeit zu verstehen, einer beabsichtigten Formänderung Widerstand entgegenzusetzen. Alternativ werden auch die Begriffe Zähigkeit oder innere Reibung verwendet [94].

In Abbildung 8 (links) ist eine allgemeine Viskositäts-Temperatur-Kurve für Gläser dargestellt, welche einen starken Einfluss der Temperatur auf die Zähigkeit des Glases verdeutlicht. Verglichen mit der Viskosität von Wasser bei Raumtemperatur (10^{-3} Pa·s) weisen Gläser in diesem Bereich Viskositäten von etwa 10^{18} Pa·s auf [94]. Erklärbar wird dieses Verhalten bei genauerer Betrachtung der Struktur in der Schmelze. Im Vergleich zu Wasser besitzen Gläser in flüssigem Zustand keine monomeren Bausteine bzw. isolierten Strukturelemente, sondern vielmehr Verbunde aus größeren Baugruppen, in denen sich laufend Bindungen öffnen respektive schließen. Die kinetische

---

[13] In älteren Literaturstellen ist häufig die veraltete Viskositätseinheit Poise (P) zu finden, welche sich wie folgt definiert:

$$1\ \text{P} = 0{,}1\ \left(\frac{\text{kg}}{\text{m·s}}\right) = 0{,}1\ \text{Pa·s} = 1\ \text{dPa·s}$$

Energie des Systems sinkt beim Abkühlen, wobei sich immer größere Strukturverbunde bilden. Somit besteht ein direkter Zusammenhang zwischen der Zähigkeit und dem Grad der Vernetzung.

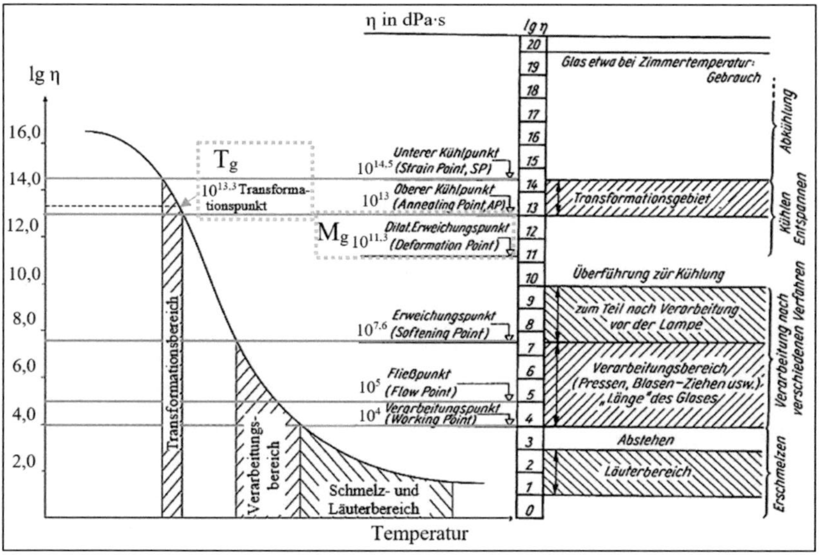

Abbildung 8: Allgemeine logarithmische Darstellung der Viskosität eines Glases über der Temperatur (links) [129], Fixpunkte nach O. Lindig über den gesamten Bereich der Viskosität (rechts) [131] (modifiziert).

Trotz des grundsätzlich gleichen Verlaufs der Viskositäts-Temperatur-Kurve ist, gerade im Bereich von $\eta = 10^{7,6}$-10^{13} P, die Steigung der Kurve bei Gläsern unterschiedlicher chemischer Zusammensetzung verschieden. Bei steilem Verlauf der Kurve wird von „kurzen" Gläsern gesprochen, während ein flacher Verlauf (größerer Spielraum zur Verarbeitung des Glases) auf ein „langes" Glas hindeutet. Wie bereits in Abbildung 7 dargestellt, ruft der Austausch von chemischen Komponenten im Glasgemenge eine strukturelle Änderung hervor, welche die innere Reibung beeinflusst. Somit zeigen sich beispielsweise bei reinen Kieselgläsern viel höhere Zähigkeitswerte, als beim selben Glas unter Zugabe von Alkalioxiden, d.h. Trennstellenbildnern. Da sich gerade bei Vielkomponentengläsern die Einflüsse der einzelnen Bestandteile überlagern können, ist eine pauschale Aussage über die resultierenden

Fließeigenschaften der Schmelze nur schwer möglich. Es sei jedoch angemerkt, dass beispielsweise ein Austausch von SiO_2 gegen B_2O_3 zu einer wesentlich geringeren Viskosität führt, da die Vernetzung von $[BO_3]$-Gruppen nur über drei Ecken erfolgt [119].

Der Zusammenhang zwischen Viskosität und Temperatur hat immense Bedeutung für die Herstellung und Verarbeitung von Gläsern. Aus diesem Grund wurden Viskositätsfixpunkte, wie sie in Abbildung 8 (rechts) zu sehen sind, festgelegt.

Nachdem die in dieser Arbeit entwickelten Spezialgläser als dünne Schichten auf ein Substrat aus Kalk-Natron-Silicatglas aufgebracht werden, ist die Kenntnis über das Erweichungs- und Fließverhalten unerlässlich. Auch zum Abbau innerer Spannungen nach dem Ausgießen der Schmelze, dem sog. Tempern, ist die Lage des Transformationsgebietes von Bedeutung.

Dilatometrische Messungen, wie sie in Kapitel 4.6.1 beschrieben werden, dienen in dieser Arbeit zur Bestimmung der Transformationstemperatur T_g ($10^{13,3}$ dPa·s) sowie der dilatometrischen Erweichungstemperatur (Deformationstemperatur) M_g ($10^{11,5}$-10^{11} dPa·s) (Abbildung 8).

3.2.2.2 Wärmeausdehnung

Stoffteilchen führen aufgrund von immer vorhandener thermischer Energie Schwingungen aus, wobei sich die Schwingungsamplitude mit zunehmender Temperatur erhöht. Miteinander verbundene Atome, wie sie in Glasnetzwerken zu finden sind, vergrößern dadurch ihren Abstand, es findet folglich eine Ausdehnung statt [107]. Wird die Temperatur hingegen wieder verringert, zieht sich die Glasstruktur um denselben Betrag zusammen. Ein Maß für diese Ausdehnung ist der lineare Wärmeausdehnungskoeffizient (WAK) α mit der Einheit K^{-1}, welcher sich wie folgt darstellen lässt:

$$\alpha_{\Delta T} = \frac{1}{L_0} \cdot \frac{\Delta L}{\Delta T} \qquad (3\text{-}6)$$

worin L_0 die ursprüngliche Länge der Probe bei Ausgangstemperatur darstellt und ΔL die sich bei Temperaturänderung ΔT ergebende Längenänderung [16]. Bei unterschiedlichen Temperaturen ist die Ausdehnung des Glases bei gleicher Temperaturdifferenz unterschiedlich groß, weswegen stets der gemessene Temperaturbereich angegeben werden muss [94]. In der Literatur sind dazu keine einheitlichen Angaben zu finden, der Messbereich zwischen 20 °C und 300 °C ist jedoch zur Charakterisierung der in dieser Arbeit entwickelten Gläser zweckmäßig ($\alpha_{20\text{-}300\,°C}$). Eine gängige Messmethode zur Ermittlung des WAK ist die Dilatometrie, auf die in Kapitel 4.6.1 näher eingegangen wird.

Beeinflusst wird die Wärmedehnung in erster Linie von der chemischen Zusammensetzung des Glases, wobei hier vor allem die Anzahl an Trennstellen, Abbildung 6 (c) sowie die Symmetrie der Nahordnung von Bedeutung sind. Als Beispiel soll die Einführung eines Alkalioxides in ein reines Silicatglas dienen. Mit steigendem Gehalt an Alkaliionen nimmt die thermische Ausdehnung zu, da die Auflockerung die Asymmetrie der [SiO_4]-Tetraeder vergrößert. Die Kationen erhöhen die Ausdehnung umso stärker, je geringer die Bindungsstärke unter dem Einfluss der Dietzel-Feldstärke[14] ist. Bei einfachen Glassystemen gilt prinzipiell die Aussage, dass die Wärmedehnung durch die Einführung basischer Oxide, d.h. von Netzwerkwandlern, in der Reihe der Alkalioxide Li_2O-Na_2O-K_2O zunimmt. Aufgrund der festeren Bindung im Netzwerk wirken sich Erdalkaliionen weniger stark auf die Erhöhung des WAK aus. Saure Oxide, zu denen die Netzwerkbildner zählen, erniedrigen den WAK, wobei hier die Verfestigung, also die Schließung von Trennstellen, wieder maßgeblich von der Feldstärke nach Dietzel abhängig ist. Ausnahmen bestätigen die Regel. So auch im Falle der binären Alkaliboratsysteme. Hier führen die [BO_3]-Strukturbausteine bei Erhöhung des Alkaligehalts einen Koordinationswechsel zum dreidimensional vernetzten [BO_4] durch, in dessen Folge sich die Ausdehnung verringert. Dieses Phänomen der Borsäureanomalie endet erst durch die erneute Umwandlung ([BO_4]$\rightarrow$[BO_3]) bei weiter steigender Alkalioxidkonzentration. Dieses Beispiel zeigt, dass Vorhersagen über die Auswirkung einzelner Glasbestandteile auf den WAK, gerade bei Mehrkomponentengläsern, äußerst schwierig sind, da die atomistische

[14] Die Feldstärke nach Dietzel gibt das Verhältnis zwischen der Wertigkeit des Kations und dem Abstandsquadrat Kation-Sauerstoff an. Mit diesem Wert ist eine Aussage über die vom Kation ausgehende Kraftwirkung in einer oxidischen Ionenbindung möglich [129; 14].

Voraussetzung eines jeden Oxides einen spezifischen Beitrag zum Ausdehnungsverhalten liefert [107; 83].

Der WAK ist besonders dann von Interesse, wenn es um das Verbinden zweier verschiedener Materialien zu einem Verbund geht. Glas als Verbundpartner wird häufig bei hohen Temperaturen verarbeitet, die Verbunde jedoch bei Raumtemperatur benutzt, weshalb der WAK der verwendeten Verbundmaterialien von besonderer Bedeutung ist [98].

In der vorliegenden Arbeit soll auf ein Substrat aus Kalk-Natron-Silicatglas, mit einem WAK von $\alpha_{20\text{-}300\,°C} = 9{,}0 \cdot 10^{-6}\ K^{-1}$, eine weitere Glasschicht mit Streupartikeln aufgeschmolzen werden. Da sich Materialien mit unterschiedlichem WAK beim Erhitzen und Abkühlen unterschiedlich stark ausdehnen und wieder zusammenziehen, ist eine WAK-Anpassung der Schichten an das Substrat zwingend erforderlich. Abbildung 9 zeigt Grenzfälle auf, die verdeutlichen, welche Auswirkung auftretende Spannungen in einem Verbundsystem haben können. Dabei sind die Auswirkungen umso größer, je dicker und großflächiger die jeweiligen Schichten sind.

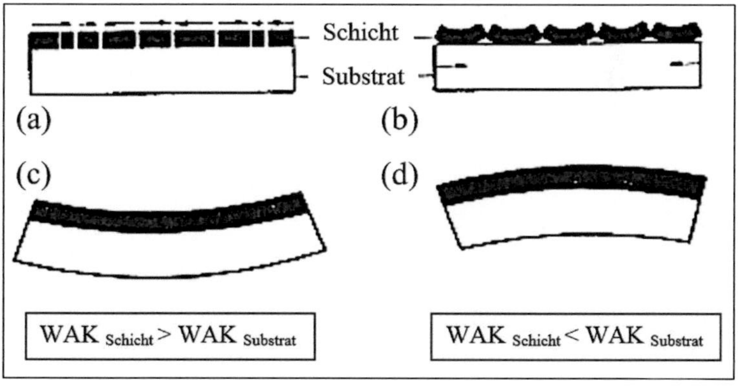

Abbildung 9: Auswirkung von Zugspannungen (WAK $_{Schicht}$ > WAK $_{Substrat}$) bzw. Druckspannungen (WAK $_{Schicht}$ < WAK $_{Substrat}$) auf einen Glas/Glas Verbundwerkstoff [58] (modifiziert).

Zugspannungen in der Schicht (WAK $_{Schicht}$ > WAK $_{Substrat}$) können entweder zur Rissbildung Abbildung 9 (a) oder zum konvexen Verziehen des Substrates (c) führen. Im umgekehrten Fall führen Schicht-Druckspannungen

($WAK_{Schicht} < WAK_{Substrat}$) zu Schicht-Abplatzungen (b) bzw. konkavem Verziehen des Substrates (d). In [110] wird als Richtwert für den WAK eines Glaslotes[15] beim Verbinden zweier Materialien miteinander vorgeschlagen, dass dieser um etwa $0{,}5\text{-}1{,}0 \cdot 10^{-6}\ K^{-1}$ unterhalb der WAK-Werte der zu verbindenden Materialien liegen soll. Die Verbindung aus einem Kalk-Natron-Silicatglas und einer Glasstreuschicht ist zwar definitionsgemäß nicht als Lotverbindungen zu sehen, dennoch ist der vorhin genannte Richtwert auf diese Thematik anwendbar. Der ideale WAK des Matrixglases der Streuschicht läge somit bei $8{,}0\text{-}8{,}5 \cdot 10^{-6}\ K^{-1}$.

3.2.3 Optische Eigenschaften von Gläsern

Das wohl hervorstechendste Merkmal, welches Glas zu einem derart bedeutsamen Material für optische Anwendungen macht, ist seine Lichtdurchlässigkeit im sichtbaren Spektralbereich (380-780 nm). Diese grundlegende optische Eigenschaft, verbunden mit der Möglichkeit der gezielten Einstellung hoher Brechzahlen, prädestinieren diesen Werkstoff für die optische Anwendung in OLEDs. Nachfolgend werden die wesentlichen Vorgänge beschrieben, welche bei der Wechselwirkung zwischen elektromagnetischer Strahlung und Glas/Glasstreuschichten auftreten können. Eingeführt werden hierzu die Begriffe Lichtbrechung, Dispersion, Reflexion, Absorption und Transmission. Ferner wird die Streuung von Licht an Partikeln behandelt.

3.2.3.1 Lichtbrechung und Dispersion

Tritt Licht von einem optischen Medium mit dem Brechungsindex n_1 in ein anderes Medium mit dem Brechungsindex n_2 ein, verändert sich unter der Voraussetzung $n_1 \neq n_2$ die Richtung des Strahls, er wird also gebrochen [94]. Der Brechungsindex n_λ ist eine Funktion der Wellenlänge λ des Lichts sowie der optischen Dichte und Temperatur des Materials [83]. Bei Gläsern wächst

[15] Glaslote dienen in Analogie zu metallischen Loten als Verbundpartner zwischen Werkstoffen wie Glas, Keramik oder Metall. Ein Unterschied zum Metalllot besteht in der elektrisch isolierenden Wirkung des Glases. Glaslote haben in der Regel eine Transformationstemperatur T_g zwischen 300 °C und 500 °C [110].

grundsätzlich n_λ vom roten zum blauen Spektralbereich, d.h. mit abnehmender Wellenlänge an, wobei ein steigendes n_λ eine stärkere Ablenkung des Lichtstrahls bei schrägem Einfall auf eine Grenzfläche bedeutet [84]. Das Abhängigkeitsgesetz zwischen Brechzahl und Wellenlänge wird in der Physik als Dispersion bezeichnet. In der Praxis werden häufig Brechzahldifferenzen angegeben, um so mittlere Dispersionen zu erhalten. Eine der wichtigsten Kennzahlen der optischen Industrie ist die Hauptdispersion n_F - n_C, welche in der Abbe-Zahl ν_d enthalten ist: [75]

$$\nu_d = \frac{n_d - 1}{n_F - n_C} \tag{3-7}$$

Die Indices in Formel (3-7) stehen für die Spektrallinie, bei deren Wellenlänge die Brechzahl ermittelt wurde. Tabelle 1 fasst die für die Ermittlung der Abbe-Zahl ν_d wichtigen Spektrallinien samt ihren Wellenlängen und Lichtquellen zusammen.

Tabelle 1: Die für die Ermittlung der Hauptbrechzahl n_d sowie der Brechzahlen n_C und n_F wichtigenSpektrallinien [75].

Spektrallinie	**C**	**d**	**F**
Lichtquelle	H	He	H
Wellenlänge (nm)	656,27	587,56	486,13

Im sog. Abbe-Diagramm (Abbildung 10) wird die Hauptbrechzahl n_d über der Abbe-Zahl ν_d aufgetragen, wobei die Lage eines Glastyps in diesem Diagramm als optische Lage bezeichnet wird.

Definitionsgemäß werden Gläser mit $\nu_d > 50$ als Krongläser, Gläser mit $\nu_d < 50$ als Flintgläser (Abbildung 34) benannt. Ein Glas mit einer niedrigen Abbe-Zahl ν_d besitzt, bezogen auf seinen Brechungsindex, eine hohe Dispersion [84]. Aus den Bezeichnungen der Gläser in Abbildung 10 ist darüber hinaus schon eine Tendenz erkennbar, welche Oxide zur Einstellung des jeweiligen Brechungsindex in Frage kommen.

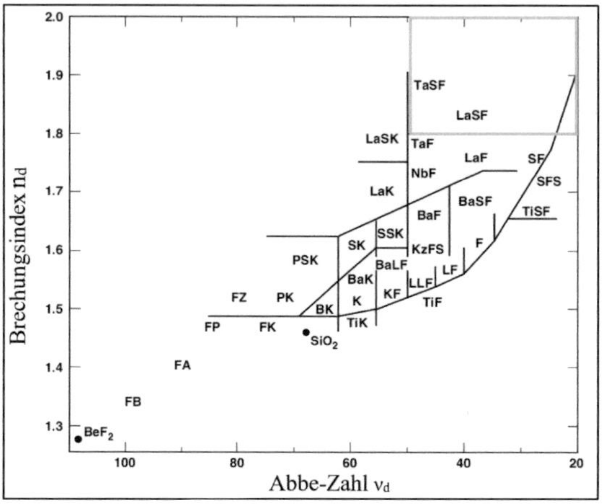

Abbildung 10: Abbe-Diagramm zur Einordnung optischer Glasarten mit den wichtigsten Abkürzungen16: B = Bor, Ba = Barium, F = Flint, K = Kron, L = leicht (niedriger Brechungsindex), La = Lanthan, LL = doppelleicht, P = Phosphat, S = schwer (hoher Brechungsindex), SS = doppelschwer, Ta = Tantal. Das Rechteck kennzeichnet den Bereich, in den ein Großteil der in dieser Arbeit entwickelten Gläser einzuordnen sind [134] (modifiziert).

Die Stärke der Lichtbrechung wird in Gläsern besonders durch die Wechselwirkung elektromagnetischer Strahlung mit leicht polarisierbaren Ionen (z.B. Sauerstoffionen) beeinflusst. Zusätzlich kann man die Brechzahl durch Einführung großer polarisierbarer Kationen, wie Pb^{2+}, Ba^{2+} oder Bi^{3+}, mit hoher Elektronenzahl steigern. Dabei sind besonders die Valenzelektronen von Bedeutung [84]. Es wird deutlich, dass die Brechzahl als „Maß für die Anregung erzwungener Schwingungen der Elektronen im Glas“ [105] durch Photonen angesehen werden kann. Aus diesem Grund ist es verständlich, dass die Anregung der Valenzelektronen umso stärker ist, je mehr Elektronen pro Volumeneinheit wechselwirken können. Somit ist die Brechzahl ganz maßgeblich von der Dichte des Glases, d.h. dessen Elektronendichte, abhängig [105].

---

16 Aus Gründen der Übersichtlichkeit werden hier nicht alle der in Abbildung 10 enthaltenen Abkürzungen erläutert. Da in dieser Arbeit nur Gläser mit einem Brechungsindex $n_d = 1{,}90 \pm 0{,}1$ von Bedeutung sind, sind alle Gläser mit kleinerem Brechungsindex von untergeordneter Bedeutung. Ein entsprechendes Abkürzungsverzeichnis findet sich in [134].

Während Massengläser wie Kieselglas mit $n_d = 1{,}46$ oder Borosilicatgläser mit $n_d = 1{,}47\text{-}1{,}53$ eine niedrige Brechzahl aufweisen, besteht die Herausforderung in dieser Arbeit, ein bleifreies Matrixglas zu entwickeln, welches mit einer Brechzahl von $n_d = 1{,}90 \pm 0{,}1$ an die Brechzahl der ITO-Anode (Kapitel 3.1.1) angepasst ist (Abbildung 34). Zur Brechzahlbestimmung dient in dieser Arbeit ein Ellipsometer (Kapitel 4.6.2).

3.2.3.2 Reflexion, Absorption und Transmission

Neben der Lichtbrechung und Dispersion (Kapitel 3.2.3.1) ist die Lichtdurchlässigkeit (Formel (3-11)) des Glases die wohl hervorstechendste Eigenschaft. Wird die Intensität des Lichtes nach Durchdringung einer Glasschicht gemessen, ist stets eine Schwächung zu beobachten. Allgemein kann ein auf eine Glasoberfläche auftreffender Lichtstrom Φ_0 wie folgt definiert werden [128]:

$$\Phi_0 = \Phi_R + \Phi_A + \Phi_T + \Phi_S \tag{3-8}$$

Hierbei ist Φ_R der reflektierte, Φ_A der absorbierte, Φ_T der transmittierte und Φ_S der im Glas gestreute Anteil (Kapitel 3.2.3.3) des auftreffenden Gesamtlichtstroms Φ_0.

Reflexion

Selbst in einem fiktiven Glas, in dem es keine Absorptions- oder Streuvorgänge gäbe, könnte die Transmission nie einen Wert von 100 % erreichen. Der Grund dafür ist die Reflektivität R des Lichtes an jeder Glasgrenzfläche. Die Reflexion ist u.a. von der Wellenlänge des Lichts, der Dispersion, der Brechzahl, der Ebenheit der Oberfläche sowie vom Lichteinfallswinkel abhängig [83; 94]. Nach [107] verringert die Reflektivität R die Lichtdurchlässigkeit des Glases um den Faktor (1 - 2 · R), wobei bei senkrechtem Lichteinfall folgende allgemeine Beziehung gilt:

$$R = \frac{(n_\lambda - 1)^2}{(n_\lambda + 1)^2} \tag{3-9}$$

Bei einem Bi_2O_3-haltigen Borosilicatglas, wie es unter anderem in dieser Arbeit entwickelt wurde, beträgt der Brechungsindex $n_d = 2{,}00$. Somit ergibt sich für dieses Glas nach obiger Formel (3-9) eine Reflektivität R = 0,11, was einem Reflexionsverlust an beiden Grenzflächen von insgesamt 22 % entspricht. Unter Vernachlässigung der Streuung und der Absorption ergibt sich nach Transmission T + Reflektivität R = 1 eine ideale Transmission von 78 %. Bei Gläsern mit n_d = 1,80 ändert sich der Transmissionswert zu 84 %. Sobald Licht unter einem Winkel im Bereich der Totalreflexion (Kapitel 3.1.2) eingestrahlt wird, nimmt die Lichtdurchlässigkeit auf 0 % ab [107].

Absorption

Aus Gleichung (3-8) wird ersichtlich, dass ein Teil des gesamten Lichtstroms nach Eintritt in das Glas auch absorbiert werden kann. Gläser haben gegenüber Metallen keine freien Elektronen, die mit elektromagnetischer Strahlung wechselwirken können. Trotzdem ist eine Wechselwirkung mit Elektronen der äußeren Atomschalen möglich, sofern die Anregungsenergie des Lichts ausreichend hoch ist. Hierbei werden die Elektronen der äußeren Schalen durch kurze Wellenlängen (hohe Energie; UV-Bereich) angeregt und auf ein höheres Energieniveau angehoben. Geht das angeregte Teilchen wieder in den Grundzustand über, findet eine Abgabe der gespeicherten Energie, meist in Form von Wärmeenergie, statt. Da diese Anregung jedoch im ultravioletten Spektralbereich stattfindet, empfindet das menschliche Auge, welches nur Wellenlängen zwischen 380-780 nm wahrnehmen kann [62], das Glas weiterhin als transparent [60]. Darüber hinaus sind auch Anregungen im sichtbaren Spektralbereich möglich, wenn z.B. Nebengruppenelemente (Fe, Mn, Ni, Cr, Co) vorhanden sind [107]. Diese werden entweder bewusst in das Glas eingebracht, um eine bestimmte Färbung zu erzielen, oder sind als Begleitsubstanz (Verunreinigung) bei der Gemengeherstellung vorhanden. Ausschlaggebend für die Intensitätsabnahme ist deren Konzentration c (in mol/l_{Glas}) sowie die Dicke d der absorbierenden Schicht (in cm).

Als Maß für das Absorptionsverhalten wurde die Extinktion E eingeführt, welche durch das Lambert-Beersche Gesetz (Formel (3-10)) beschrieben wird: [107]

$$E = \log\frac{I_0}{I} = \varepsilon \cdot c \cdot d \tag{3-10}$$

Der molare dekadische Extinktionskoeffizient ε (in l/mol·cm) beschreibt in Formel (3-10) die charakteristische Absorptionseigenschaft eines färbenden Stoffes bei konstanter Lichtwellenlänge [128]. Das Symbol I_0 in Formel (3-10) kennzeichnet die Intensität des eingestrahlten Lichtes, während I die Intensität des transmittierten Lichtstrahls beschreibt. Durch diese spektrale Absorption werden einzelne Spektralgebiete des Lichts geschwächt, wodurch sich die spektrale Zusammensetzung und damit die Farbe des austretenden Lichtstroms verändert [119].

Transmission

Die Lichtdurchlässigkeit, welche als Transmission T bezeichnet wird, korreliert, wie bereits beschrieben, mit der Reflexion und der Absorption. Daher ist auch die Transmission von der Wellenlänge abhängig. In diesem Zusammenhang wird häufig der spektrale Transmissionsgrad τ (Formel (3-11)) angegeben, welcher das Verhältnis zwischen durchgelassenem (transmittiertem) Lichtstrom Φ_T und einfallendem Lichtstrom Φ_0 angibt [128].

$$\tau = \frac{\Phi_T}{\Phi_0} \cdot 100\ \% \tag{3-11}$$

Interessieren nur Vorgänge, die im Glas stattfinden (Reflexionsvorgänge werden hierbei nicht berücksichtigt), so wird der Reintransmissionsgrad ϑ angegeben.

$$\vartheta = \frac{\Phi_a}{\Phi_e} \cdot 100\ \% \tag{3-12}$$

In Gleichung (3-12) ist der in das Glas eindringende Lichtstrom als Φ_e und der aus dem Glas austretende Lichtstrom als Φ_a definiert.

Die Messung der Transmission in Abhängigkeit von der Wellenlänge erfolgt in dieser Arbeit mittels UV-/Vis-/NIR-Spektroskopie (Kapitel 4.6.3).

3.2.3.3 Streuung an Partikeln

Nach Gleichung (3-8) tragen auch Streuphänomene des Lichts im Glas zur Abschwächung des auftreffenden Gesamtlichtstroms Φ_0 bei. Im Hinblick auf die Streuschicht, welche in dieser Arbeit vorgestellt wird, ist die Streuung unter dem Gesichtspunkt einer Lichtumlenkung im Sinne der effektiven Lichtauskopplung in OLEDs zu betrachten. Diese Wechselwirkung elektromagnetischer Strahlung mit Materie wird nachfolgend präzisiert.

Prinzipiell unterscheidet man bei linearen Streumechanismen zwischen Rayleigh- und Mie-Streuung.

Rayleigh-Streuung findet an Partikeln statt, deren Dimension kleiner als ein Zehntel der eingestrahlten Wellenlänge ist [96]. Ein Beispiel hierfür wäre die Schwankung des Brechungsindex innerhalb der Glasmatrix [49].

Mie-Streuung findet beispielsweise an Streupartikeln oder Glasinhomogenitäten wie Blasen oder Schlieren statt, welche in der Größenordnung der eingestrahlten Wellenlänge liegen oder größer als diese sind. Die gestreute Intensität ist u.a. vom Partikeldurchmesser sowie dem Partikelmaterial (Brechzahl und Dichte), der Oberflächenbeschaffenheit und der Partikelanzahl abhängig [12]. In dieser Arbeit werden SiO_2- und TiO_2-Streupartikel mit einem bevorzugten Partikeldurchmesser von 1,0-3,0 µm und einer Brechzahl von $n_{d(SiO2)} = 1{,}46$ und $n_{d(TiO2)} = 2{,}65$ verwendet. Die Partikelform ist idealerweise sphärisch, da so in der späteren hochbrechenden Streuschicht keine spitzen/nadelförmigen Durchdringungen *(engl. spikes)* auftreten, welche zu Kurzschlüssen in der OLED führen könnten. Glasinhomogenitäten, welche man nur selten und mit hohem technischen Arbeitsaufwand vollständig unterbinden kann, tragen zur Lichtstreuung im Matrixglas bei. Grundsätzlich ist eine Glasschicht mit Blasen als Streukörper möglich, wird aber in dieser Arbeit nicht weiterverfolgt, da Blasen nur bedingt reproduzierbar sind und keine homogene Verteilung in der Schicht gewährleistet werden kann. Darüber hinaus birgt dieses Konzept die Gefahr, dass sich Blasen direkt an der Oberfläche der Streuschichten ansammeln und als potentielle Fehlstellen in der OLED wirken. Aus diesen Gründen wird die Streuung im späteren OLED-Bauteil ausnahmslos über Streupartikel erfolgen. Diese Vorgabe kann dadurch umgesetzt werden, dass bereits bei der Herstellung der Glasmatrix (Kapitel 4.2.2) auf eine homogene Durchmischung der Schmelze geachtet wird und dadurch Blasen und Schlieren vermieden werden. Gleiches gilt für die anschließende Herstellung und Aufbringung der Streuschicht auf das OLED-Substrat.

Um den Grad der Streuung einer Schicht quantifizieren zu können, wird der Begriff Trübung *(engl. Haze)* in Formel (3-13) eingeführt [137]. Dieser Wert ist ein Maß für den Anteil des Lichts, welcher beim Durchstrahlen einer hochbrechenden Streuschicht in den hinteren Halbraum gestreut wird und lässt sich wie folgt darstellen:

$$Haze = \frac{\text{diffus transmittiertes Licht}}{\text{total transmittiertes Licht}^{17}} \tag{3-13}$$

Ein geringer *Haze*-Wert bedeutet eine schwache, ein hoher *Haze*-Wert eine starke Trübung. Der *Haze* wird durch UV-/Vis-/NIR-Spektroskopie (Kapitel 4.6.3) bestimmt.

Um die Effizienzsteigerung durch eine Streuschicht im fertigen OLED-Bauteil charakterisieren zu können, wird in Kapitel 5.7.2 der englische Begriff *Gain* verwendet. Dieser spiegelt den Gewinn in der Auskoppeleffizienz wider und wird in Abhängigkeit von der Streukörperkonzentration bei konstanter Stromdichte von 2 mA/cm^2 angegeben.

3.3 Spezialgläser

Der Chemiker Otto Schott begann im Jahre 1879 mit der systematischen Erforschung von diversen chemischen Verbindungen in der Schmelze und studierte deren Glasbildung und Kristallisation. Die intensive Zusammenarbeit mit dem Physiker Ernst Abbe führte schließlich zur Begründung der Spezialglasindustrie [109]. Seine Spezialgläser zählen zu den bahnbrechenden Innovationen der optischen Industrie.

---

[17] Total transmittiertes Licht = diffus transmittiertes Licht + direkt transmittiertes Licht

Chemisch betrachtet unterscheiden sich Spezialgläser, welche etwa 10 % des Gesamtvolumens der Glasindustrie ausmachen, deutlich von den Massengläsern. Während Gläser im Flach- und Hohlglasbereich meist auf Kalk-Natron-Silicatglas (CaO-Na_2O-SiO_2) basieren, gibt es im Spezialglasbereich nahezu alle erdenklichen Kombinationen aus dem Periodensystem der chemischen Elemente [105]. Unter Berücksichtigung der in Kapitel 3.2.1 genannten Bedingungen zur Glasbildung können so maßgeschneiderte Werkstoffe mit spezifischen Eigenschaften hergestellt werden. Spezialgläser finden sich daher sowohl in der Optik als auch in der Elektrotechnik, der Energietechnik, dem Bauwesen sowie in der Pharmazie, der Mikroelektronik und der Lichterzeugung.

3.3.1 Glaseigenschaften der Streuschichtmatrix

In einem fortwährenden Entwicklungsprozess wurden mit den Projektpartnern OSRAM Optical Technologies, Augsburg (simulative Parameterstudien - Strahlverfolgung für OLEDs mit Streuschichten) sowie OSRAM OLED GmbH, Regensburg, zahlreiche Anforderungen an die Glasstreuschicht erarbeitet.

Unter Beachtung der nachfolgenden Parameter war sowohl die Applikation der Streuschicht auf das Substratglas als auch der Einbau der Streuschicht in die OLED realisierbar:

- Bleifrei gemäß RoHS *(engl. Restriction of Hazardous Substances)*
- Transformationstemperatur $T_g < 450$ °C
- Hoher Brechungsindex $n_d = 1{,}90 \pm 0{,}1$ (angepasst an ITO, $n_d = 1{,}90$)
- Farblos (hohe Transmission im sichtbaren Spektralbereich)
- Wärmeausdehnungskoeffizient $\alpha_{20\text{-}300\,°C} = 8{,}0\text{-}9{,}0 \cdot 10^{-6}\ K^{-1}$ (angepasst an Substratglas $\alpha_{20\text{-}300\,°C\,(Substrat)} = 9{,}0 \cdot 10^{-6}\ K^{-1}$)
- Erweichungsverhalten angepasst an Substratglas ($T_{Erw.\,Schicht} < T_{Erw.\,Substrat}$)
- Keine Entglasung (partielle Bildung von Kristallen in der Glasschicht)
- Blasenfreies Verglasen
- Gutes Benetzungsverhalten auf Glassubstrat

- Geringe Oberflächenrauheit der Glasschicht (hohes Fließvermögen/geringe Viskosität)
- Keine Reaktion mit Streupartikeln

3.3.2 Literaturauswertung zu erfolgversprechenden Glassystemen

Zu Beginn der Literaturrecherche über niedrigschmelzende, hochbrechende Bleiersatzgläser erwies es sich als zweckmäßig, sich aus der Vielzahl an Anforderungen (Kapitel 3.3.1) auf nur ein wesentliches Merkmal zu konzentrieren. Ein wesentliches Kriterium bei der anfänglichen Recherche waren Gläser mit einer niedrigen Transformationstemperatur (vorzugsweise $T_g < 450$ °C). Diese Gläser sind in der englischsprachigen Literatur besser bekannt als „*low T_g glasses*" respektive „*low-meltig glasses*".

Mit Hilfe der Glaszusammensetzungen aus der Literaturrecherche (ab Kapitel 3.3.2) wurden Simulationen mit der Software SciGlass (Kapitel 4.2.1) durchgeführt. Aufgrund dieser Simulationen konnten erste Abschätzungen über die Realisierbarkeit der geforderten Eigenschaften getroffen werden. Im Anschluss daran wurden erste Glasschmelzen (Kapitel 4.2.3) an ausgewählten Systemen durchgeführt.

3.3.2.1 Die besondere Rolle von Bi_2O_3 als PbO-Substitut

Der bislang häufige Einsatz von PbO-haltigen Gläsern im Bereich der Optik und Elektronik beruht auf den besonderen thermischen und optischen Eigenschaften dieser Gläser. Gerade die Verwendung als Lotglas, beispielsweise zur Herstellung dünner glasiger Schichten in/auf elektronischen Bauelementen, wurde lange Zeit sehr erfolgreich mit niedrigschmelzenden bleihaltigen Gläsern durchgeführt. Bleihaltige Oxidgläser zeichnen sich unter anderem durch ihre sehr niedrige Transformationstemperatur aus (z.B. Schott-Lotglas G017-052, $T_g = 308$ °C [108]), wodurch sich herausragende Fließeigenschaften im Niedertemperaturbereich und geringe Verarbeitungstemperaturen verwirklichen lassen. Dieses Verhalten ist auf die geringe Bindungsstärke von PbO im Glasnetzwerk zurückzuführen [21]. Beim Verglasen von PbO-haltigen Glaspulvern sind sehr glatte Oberflächen mit einem auffallend brillanten Glanz herstellbar. Weitere markante Merkmale der PbO-haltigen Gläser sind der hohe Brechungsindex sowie die hohe Dispersion und der breite Transmissionsbereich im infraroten Spektralbereich (IR). Dies liegt neben der hohen Atommasse von Blei und der damit verbundenen Erhöhung der Dichte im Glas hauptsächlich an den leicht polarisierbaren Pb^{2+}-Ionen [64; 101]. Eine detaillierte Beschreibung der Bleigläser ist in [92] zu finden.

Ein wesentliches Ziel dieser Arbeit ist die Entwicklung einer Glaszusammensetzung gemäß Kapitel 3.3.1, wobei das oftmals verwendete toxische PbO durch RoHS-konforme Oxide mit bleiähnlichen Merkmalen substituiert wird.

Eines der heute wohl am häufigsten eingesetzten PbO-Ersatzoxide ist Bi_2O_3. Es fungiert wie PbO als Zwischenoxid, da es aufgrund seines hohen Ionenradienverhältnisses von 0,66 sowie der geringen Dietzel-Feldstärke von 0,56 und der Koordinationszahl 6 nicht in der Lage ist, allein ein Glasnetzwerk aufzubauen [93]. Besonders bemerkenswert ist jedoch die Fähigkeit von Bi_2O_3, bereits bei der Anwesenheit von geringsten Mengen eines Glasbildners ein Glasnetzwerk auszubilden. Schon im Jahre 1962 beschreibt [93] ein Glassystem aus 8 g Bi_2O_3 und 2 g CdO, welches bei schneller Abkühlung aus der Schmelze lediglich Kristalle formte, bei der Zugabe von 0,1 g SiO_2 respektive B_2O_3 jedoch ein transparentes Glas bildete. Genau wie Pb^{2+}-Kationen tragen in optischen Anwendungen auch die großen und leicht polarisierbaren Bi^{3+}-Kationen zur Erhöhung der Brechzahl, einer erhöhten Dispersion sowie einer besseren IR-Transmission bei [21]. Neben der deutlich geringeren Toxizität von Bismut gegenüber Blei, zeigten laut [64] bereits sowjetische Patente aus den 1980er Jahren im System Bi_2O_3-B_2O_3-SiO_2-ZnO auf, dass Bi_2O_3 darüber hinaus die chemische Beständigkeit der Gläser erhöhte. Ferner wiesen diese Gläser gegenüber PbO-haltigen Gläsern analoger Zusammensetzung einen niedrigeren Wärmeausdehnungskoeffizienten auf.

Die höhere Bindungsenergie von Bi^{3+} gegenüber Pb^{2+} [64] führt jedoch bei äquivalenter Glaszusammensetzung zu einer höheren Verarbeitungstemperatur sowie einer geringeren Fließfähigkeit aufgrund der höheren Viskosität. In [141; 101; 38] werden mit der Thermoreduktion des Bi^{3+}-Ions sowie der hohen Reaktivität gegenüber metallischen Tiegeln weitere Nachteile bei der Herstellung von Bi_2O_3-haltigen Gläsern aufgeführt. In der Regel haben Bi_2O_3-haltige Gläser eine hellgelbe Erscheinungsform, was auf die Eigenfärbung des Bi_2O_3 in Pulverform zurückzuführen ist. Bei Einschmelztemperaturen

$\geq$ 1000 °C neigt das Bi^{3+}-Ion zur Reduktion, was sich durch eine Dunkelfärbung des Glases bemerkbar macht. Der Extremfall ist eine vollständige Reduktion von Bi^{3+} zu metallischem Bi^0. In diesem Fall rufen die im Glas gelösten, reduzierten Nanopartikel eine dunkelbraune bis schwarze Verfärbung hervor, welche die Transmission negativ beeinflusst. Durch geeignete Anpassungen der Gemenge sowie der Schmelzparameter lässt sich jedoch eine solche Verfärbung des Glases verhindern (Abbildung 18, 1 (a) und (b) sowie Abbildung 18, 5 (a) und (b)). Gerade die chemische Ähnlichkeit des Bi_2O_3 zu PbO macht es als potentielles Ersatzoxid für diese Arbeit besonders interessant.

Nachstehende Tabelle 2 zeigt eine Übersicht der Bi_2O_3-haltigen Glassysteme, welche in den letzten Jahren von zahlreichen Arbeitsgruppen untersucht wurden und sich durch Modifikationen auch für dieses Projekt eignen. Diese Zusammenfassung erhebt keinen Anspruch auf Vollständigkeit, gibt jedoch einen Einblick in die vielseitige Verwendung von Bi_2O_3.

Aus der Vielzahl an Bi_2O_3-haltigen Glassystemen, seien es einfache binäre Systeme wie Bi_2O_3-B_2O_3 oder komplexe Mehrkomponentensysteme wie Bi_2O_3-B_2O_3-TiO_2-Al_2O_3-CaO-SnO, wird die große Bedeutung des Glasbildners B_2O_3 ersichtlich. Das besondere Interesse an der Kombination Bi_2O_3-B_2O_3 liegt laut [42; 64] vor allem an den ähnlich niedrigen Liquidustemperaturen von 620-825 °C beim Vergleich der Phasendiagramme von Bi_2O_3-B_2O_3 und PbO-B_2O_3. Ferner wird angegeben, dass sich das System Bi_2O_3-B_2O_3 durch niedrige Verarbeitungstemperaturen und einen weiten Glasbildungsbereich auszeichnet.

Gerade wenn der Anteil an Bi_2O_3 aufgrund der Steigerung der Brechzahl im System Bi_2O_3-B_2O_3 erhöht werden muss, ist es von Bedeutung, eine kristallisationsstabilisierende Komponente mit einzubringen. Hierfür eignet sich besonders SiO_2. In [57] wird der „hochpolymere Charakter“ des Siliziumdioxids als Ursache für die kristallisationsstabilisierende Wirkung gesehen. Die Kristallisation wird dadurch erschwert, dass durch Zugabe von SiO_2 die Viskosität beim Abkühlen der Schmelze stark zunimmt. SiO_2 verbessert darüber hinaus bereits in Konzentrationen von wenigen mol-% die Beständigkeit gegenüber Wasser und Säuren, ohne die Verarbeitungstemperatur, Brechzahl oder den

Wärmeausdehnungskoeffizienten maßgeblich zu beeinflussen [20; 36; 37]. Das ternäre Glassystem Bi_2O_3-B_2O_3-SiO_2 dient als Grundmatrix für die Glasherstellung in Kapitel 4.2.3.

Tabelle 2: Zusammenfassung der Literaturrechercheergebnisse über Bi_2O_3-haltige Glassysteme unter Angabe der Transformationstemperatur T_g, des Wärmeausdehnungskoeffizienten α sowie des Brechungsindex n_d (sofern in der Literaturstelle angegeben).

Glassystem	**T_g (°C)**	**WAK $\alpha_{20\text{-}300\,°C}$ ($10^{-6}K^{-1}$)**	**Brechungsindex n_d**
Bi_2O_3-B_2O_3 [2; 42]	-	6,1-11,5	1,80-2,10
Bi_2O_3-SiO_2 [101; 136]	-	-	-
Bi_2O_3-B_2O_3-SiO_2 [33; 141]	374-440	-	1,90-2,30
Bi_2O_3-B_2O_3-ZnO [39; 6; 102; 114]	367-484	5,3-9,5	1,70-2,20
Bi_2O_3-B_2O_3-TeO_2 [38]	-	-	1,98-2,12
Bi_2O_3-B_2O_3-R_2O (R_2O = Li_2O, Na_2O, K_2O) [4]	-	-	-
Bi_2O_3-ZnO-P_2O_5 [53]	389-478	-	1,68-1,97
Bi_2O_3-SiO_2-Al_2O_3 [132]	460	-	-
Bi_2O_3-GeO_2-Li_2O [101]	-	-	-
Bi_2O_3-B_2O_3-SiO_2-ZnO [23]	411-522	5,3-9,5	-
Bi_2O_3-B_2O_3-ZnO-BaO [61]	520-540	8,0-8,8	-
Bi_2O_3-B_2O_3-ZnO-R_2O (R_2O = Li_2O, Na_2O, K_2O) [74]	272-339	-	-
R_2O_3-SiO_2-RO-R_2O (R_2O_3 = Bi_2O_3, B_2O_3) (RO = BaO, ZnO) (R_2O = Li_2O, Na_2O, K_2O) [121]	410-460	11,0-14,0	-
Bi_2O_3-B_2O_3-TiO_2-Al_2O_3-CaO-SnO [66]	-	-	-

3.3.2.2 Alternative Bleiersatzgläser

Neben Bi_2O_3 werden in der Literatur noch weitere Oxide beschrieben, welche bleiähnliche Merkmale aufweisen und sich gegebenenfalls für den Einsatz in einer hochbrechenden und niedrigschmelzenden Streuschichtmatrix eignen. Ob sich die alternativen Glassysteme (Tabelle 3) für die Erzeugung großflächiger transparenter Glasschichten mit geringer Rauheit eignen, wird anhand einiger Ausführungsbeispiele in Kapitel 5.4.2 und 5.4.3 geprüft.

Tabelle 3: Zusammenfassung einiger niedrigschmelzender Glassysteme aus der Literaturrecherche zu alternativen Bleiersatzgläsern. Die aufgelisteten Glassysteme enthalten kein Bi_2O_3. Neben dem Glassystem sind die Transformationstemperatur T_g, der Wärmeausdehnungskoeffizient α sowie der Brechungsindex n_d und Anmerkungen aus den jeweiligen Literaturstellen zu finden.

	Glassystem	T_g (°C)	WAK $\alpha_{20\text{-}300\,°C}$ ($10^{-6}K^{-1}$)	Brechungs-index n_d	Anmerkungen
B_2O_3-haltige Gläser	B_2O_3-BaO-ZnO [67]	< 500	6,5-9,5	-	
	B_2O_3-Na_2O-Nb_2O3 [116]	340	9,2	-	
SnO-haltige Gläser	SnO-ZnO-P_2O_5 [72]	< 350	10,0-12,0	-	teilweise kristallin
	SnO-B_2O_3-P_2O_5 [125]	267-312	-	-	geringe Beständigkeit in Wasser
	SnO-P_2O_5 [126]	268	14,0	-	mäßige Beständigkeit in Wasser, Gemengeverarbeitung unter N_2, Schmelzprozess unter Ar
P_2O_5-haltige Gläser	P_2O_5-Na_2O-CuO [115]	290-360	16,3-22,5	-	aufwändige Schmelzbedingungen unter N_2
	P_2O_5-Na_2O-B_2O_3-(Er_2O_3) [111]	307-352	-	1,52-1,67	
	P_2O_5-ZnO-SiO_2-Al_2O_3 [113]	350-440	6,3-7,6	-	geringe chemische Beständigkeit

	Glassystem	T_g (°C)	WAK $\alpha_{20\text{-}300\,°C}$ ($10^{-6}K^{-1}$)	Brechungsindex n_d	Anmerkungen
TeO_2-haltige Gläser	TeO_2-Li_2O-TiO_2 [10]	264-338	-	> 2,00	
	TeO_2-TiO_2-WO_3-(Nd_2O_3) [29]	335-386	-	-	teilweise kristallin
	TeO_2-ZnO-BaO-(Li_2O) [142]	332-380	14,5-16,6	-	
	TeO_2-B_2O_3-ZnO [68]	380	11,4	-	

Tabelle 3 stellt lediglich eine unvollständige Übersicht über die in der Literatur angegebenen niedrigschmelzenden Bleiersatzgläser dar.

Im Rahmen dieser Arbeit kann nicht auf alle erwähnten Matrices eingegangen werden. Auf einige der Glassysteme bzw. auf Kombinationen aus diesen, wird jedoch in den experimentellen Studien (ab Kapitel 4.1) hingewiesen.

Gerade Telluritgläser werden in der Literatur als besonders niederschmelzende Gläser mit hohem Brechungsindex und guter Lichtdurchlässigkeit beschrieben. Als alternatives Glassystem zu Bi_2O_3-haltigen Gläsern eignen sie sich insbesondere aufgrund ihrer geringen Eigenfärbung. Diese Gläser neigen, verglichen mit Bi_2O_3-haltigen Gläsern, weniger zur Entglasung[18]. Ein Nachteil von TeO_2-basierten Gläsern ist der hohe Wärmeausdehnungskoeffizient.

[18] Als Entglasung wird in der Glastechnologie die häufig unerwünschte Kristallisation bezeichnet.

4 Experimentelle Untersuchungen

Der experimentelle Teil dieser Arbeit gliedert sich in sechs Themenschwerpunkte, die den Verlauf der Herstellung einer Glasstreuschicht widerspiegeln.

Beginnend mit der Glasentwicklung und allen nötigen Schritten von der Simulation am Computer bis hin zur Glasschmelze wird darauffolgend näher auf die Glaspulverherstellung eingegangen. Aufbauend darauf werden die zentralen Herstellungsschritte der Glaspaste/Glasstreupaste erläutert und auf deren Applikation auf dem OLED-Substrat eingegangen. Anschließend erfolgt die Schilderung des thermischen Verglasungsprozesses der Glasschicht/Glasstreuschicht. Abgeschlossen wird dieses Kapitel durch die Charakterisierung der hergestellten Gläser, Glaspulver und Glasstreuschichten, wobei sowohl die Probenpräparation als auch die verwendeten Geräte und Messmodi detailliert vorgestellt werden.

4.1 Ausgewählte Glassysteme

Basierend auf der Literaturauswertung (Kapitel 3.3.2) und zahlreichen Simulationen mit der Software SciGlass wurden zu Beginn der Schmelzarbeiten folgende Glassysteme als besonders erfolgversprechend eingestuft:

- Bi_2O_3-haltige Gläser (Hauptkomponenten Bi_2O_3-B_2O_3-SiO_2)
- TeO_2-haltige Gläser (Hauptkomponenten TeO_2-B_2O_3)

Gerade das ternäre Glassystem Bi_2O_3-B_2O_3-SiO_2, welches aus den unter Kapitel 3.3.2.1 genannten Gründen als Startsystem ausgewählt wurde, war Gegenstand der anfänglichen Studien. Hierbei wurden Faktoren wie die Beeinflussung der Glasfärbung durch Zugabe eines geeigneten Läutermittels[19], die

[19] Das von einem Läutermittel abgegebene Gas diffundiert in bereits vorhandene kleine Blasen, welche im Glas verteilt sind. Dadurch vergrößern sich die Blasen und können somit schneller aufsteigen. Beim Läutern wird die Schmelze von störenden Gaseinschlüssen befreit [13].

Einschmelztemperatur oder die Verbesserung der Glashomogenität durch Variation der Rohstoffe untersucht. Darüber hinaus wurde das Aufschmelzverhalten durch mechanische und thermische Gemengevorbehandlung optimiert.

Im Verlauf der Glasentwicklung wurden ca. 140 Gläser aus rund 50 verschiedenen Glassystemen erschmolzen und deren Eigenschaften (Kapitel 4.6) ermittelt. Im besonderen Fokus standen hierbei die bereits erwähnten Glassysteme mit Bi_2O_3 und TeO_2. Neben Dreistoffsystemen wie z.B. Bi_2O_3-B_2O_3-SiO_2 wurden auch komplexe Systeme aus bis zu sieben Komponenten untersucht. Durch systematische Zugabe verschiedener Netzwerkwandler und Zwischenoxide konnte so ein Verständnis über deren Auswirkung im jeweiligen Gesamtsystem erarbeitet werden. Einen Überblick der dabei eingesetzten Rohstoffe unter Angabe der Reinheiten und der Hersteller/Lieferanten gibt Tabelle 13 im Anhang.

4.2 Glasentwicklungsprozess

Nachfolgend werden in chronologischer Reihenfolge die wesentlichen Arbeitsschritte der Glasentwicklung dargestellt, wie sie im Rahmen dieser Arbeit stattfanden. Eine detaillierte Erläuterung zu den drei unten genannten Schwerpunkten erfolgt anschließend in den Kapiteln 4.2.1 bis 4.2.3.

- Simulation der Glaseigenschaften in Abhängigkeit von der Zusammensetzung mit Hilfe des Simulationsprogramms SciGlass
- Gemengesatzberechnung: Umrechnung des Oxidanteils (mol-%/ Gew.-%) in die entsprechende Rohstoffmenge in Gramm
- Glasherstellungsprozess
  - Einwiegen der Rohstoffe zu einem Gemenge
  - Mechanische und thermische Vorbehandlung des Gemenges
  - Gemengedurchmischung im SpeedMixer™ für 30 s bei 2000 $U \cdot min^{-1}$
  - Einbringung des Gemenges in den vorgeheizten Korundtiegel[20] (Ofentemperatur abhängig vom Glassystem)

[20] Der Tiegel wird während der Einfüllung des Gemenges nicht aus dem Ofen entnommen, da der Korundtiegel eine nur mäßige Temperaturwechselbeständigkeit aufweist.

- Homogenisierung der Schmelze durch intensives Rühren mittels Quarzglasstab
- Ausgießen der Schmelze in vortemperierte mehrteilige Metallform mit Graphitbodenplatte
- Abbau von Glasspannung durch Tempern im Bereich des oberen Kühlpunktes[21] bei $T_{an} = T_g + 10$ °C (Abbildung 8, rechts)

Bereits im Vorfeld wurden in Abhängigkeit vom zu schmelzenden Glassystem zweckmäßige Tiegelmaterialien auf ihre Eignung untersucht. Ferner wurden Rohstoffe für das Gemenge hinsichtlich ihrer Reinheit und Mineralklasse qualifiziert. Weitere Faktoren, welche sowohl die Homogenität als auch die Färbung des erschmolzenen Glases maßgeblich beeinflussen, wurden untersucht und optimiert. Hier sind sowohl die Einschmelztemperatur und Schmelzdauer als auch die Gemengeaufbereitung (thermische und mechanische Vorbehandlung sowie Durchmischung) zu nennen. Zur Entspannung der jeweiligen Gläser wurden entsprechende Temperprogramme getestet.

4.2.1 Datenbankbasierte Simulationen mit der Software SciGlass

Nach [88] gibt es unterschiedliche Ansätze, anhand der chemischen Zusammensetzung eines Mehrkomponentenglases, dessen thermische und optische Eigenschaften zu bestimmen. Primär differenziert [69] die Eigenschaftsvorhersage in statistische und strukturelle Modelle. Statistische Modelle verwenden in der Regel mathematische Annäherungen aus einer Vielzahl von Datenpunkten des ausgewählten Zusammensetzungsbereiches. Einen chemischen Ansatz verfolgt das Strukturmodell. Hierbei werden zur Berechnung von Glaseigenschaften Algorithmen verwendet, welche sich aus der chemischen Zusammensetzung und den daraus resultierenden Struktureinheiten ergeben. Auch die chemische Wechselwirkung zwischen den benachbarten Einheiten wird hier berücksichtigt.

---

[21] Der Index an stammt aus dem Englischen *to anneal*, d.h. tempern.

Im Simulationsprogramm SciGlass arbeitet eine Datenbank, in der Daten von rund 300.000 Oxidgläser aus über 40.500 Veröffentlichungen (davon 18.000 Patente) eingepflegt sind, mit einem Berechnungsprogramm zusammen [26].

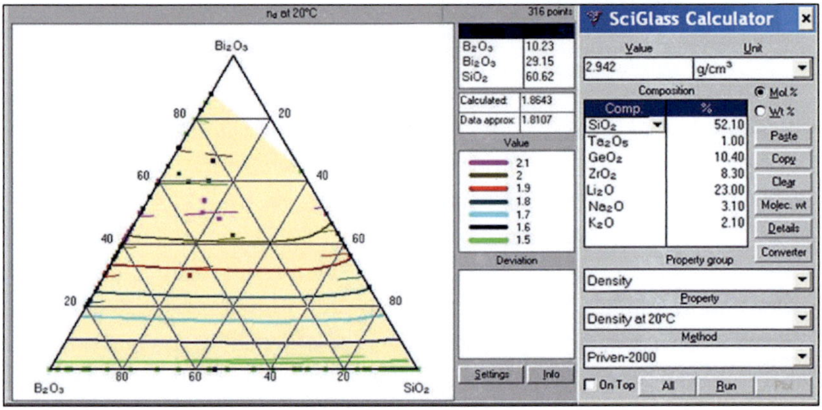

Abbildung 11: Simulation des Brechungsindex n_d im ternären Glassystem Bi_2O_3-B_2O_3-SiO_2, dargestellt als Gehaltsdreieck. Farbig dargestellte Linien sind von SciGlass errechnete Werte, eingepflegte Messergebnisse aus der SciGlass-Datenbank sind als Punkte dargestellt (links). Eingabemaske für die chemische Zusammensetzung des Gemenges, als Berechnungsgrundlage für SciGlass am Beispiel des komplexen Siebenkomponentensystems SiO_2-Ta_2O_5-GeO_2-ZrO_2-Li_2O-Na_2O-K_2O (rechts).

Der Benutzer gibt dem Programm sowohl die Gemengezusammensetzung als auch den Oxidanteil in mol-% oder Gew.-% vor (Abbildung 11, rechts) und kann anschließend aus einer Vielzahl an Berechnungsmethoden wählen. Alle Simulationen dieser Arbeit wurden mit der Methode „Priven-2000“ berechnet, da dieses das aktuellste Berechnungsmodell mit der größten Übereinstimmung zwischen Simulation und Analyseergebnis darstellt. Hierbei wird mit der entsprechend hinterlegten Formel für die gewählte Glaseigenschaft ein Wert für die spezifische Gemengezusammensetzung errechnet und mit adäquaten Daten aus der Datenbank abgeglichen. Somit stellt der ermittelte Wert eine Kombination aus mathematischen und empirischen Daten dar. Die Einzelberechnung von Glaseigenschaften einer bestimmten Gemengezusammensetzung und Oxidkonzentration, wie es am Beispiel der Dichteberechnung des Systems SiO_2-Ta_2O_5-GeO_2-ZrO_2-Li_2O-Na_2O-K_2O (Abbildung 11, rechts) dargestellt wird, ist eine der zahlreichen Funktionen in SciGlass. Daneben können einzelne Glaseigenschaften, wie z.B. der Brechungsindex n_d, eines ternären Systems visuell in einem Gehaltsdreieck dargestellt werden (Abbildung 11, links). Hierbei weisen die verschiedenfarbigen Linien auf errechnete Werte hin, während Punkte die empirisch ermittelten Werte aus der Datenbank kennzeichnen. Darüber hinaus werden die entsprechenden Literaturquellen dargestellt und alle hinterlegten Informationen, wie z.B. Schmelzbedingungen oder verwendete Rohstoffe, ersichtlich.

SciGlass ist gerade im Vorfeld einer Glasentwicklung ein sehr nützliches Hilfsmittel, um diverse Glascharakteristika wie Brechungsindex, Wärmeausdehnungskoeffizient, Transformationstemperatur oder Erweichungstemperatur aus nahezu jeder gewünschten Zusammensetzung abschätzen zu können, ohne das Glas vorher schmelzen und analysieren zu müssen. Begleitend zur Literaturrecherche war der Hauptanwendungszweck von SciGlass, die erfolgversprechenden Glassysteme aus Kapitel 3.3.2 zu beurteilen, d.h. wichtige Glaseigenschaften, welche in der Literaturstelle unerwähnt blieben, zu ermitteln. Auch SciGlass selbst verfügt über ein nützliches Literaturrecherchetool. Dabei werden dem System gewünschte Glaseigenschaften sowie Glasbestandteile vorgegeben, die das Glas aufweisen soll. In der Suchmaske können ferner gesundheitsgefährdende Bestandteile wie bspw. PbO oder CdO ausgeschlossen werden. Daraufhin wird die Datenbank nach geeigneten Glassystemen durchsucht. Ferner dienten SciGlass-Simulationen während der Glasschmelzarbeiten dazu, ein aktuell geschmolzenes Glassystem in einem kontinuierlichen Verbesserungsprozess auf geforderte Eigenschaften hin zu optimieren. Durch diese Vorgehensweise konnten Ursache-Wirkungsprinzipien abgeleitet werden, welche die Folge einer Erhöhung/Erniedrigung von Stoffmengenanteilen bzw. einer Einführung neuer Gemengebestandteile waren. Trotz der teils deutlichen Abweichung der Ergebnisse aus Simulation und Glasanalyse von 20-30 % - was bei der Komplexität vieler erschmolzener Glassysteme vertretbar ist - waren die ablesbaren Trends für Folgeversuche unerlässlich.

4.2.2 Berechnung der oxidischen Gemengezusammensetzung

Die Gemengesatzberechnung dient dazu, die erforderliche Menge der ausgewählten Rohstoffe (Angaben in g) zu bestimmen, welche erforderlich sind, um die gewünschte oxidische Zusammensetzung zu erreichen. Gerade bei Mehrkomponentensystemen ist diese Berechnung häufig sehr komplex, da neben dem Reinheitsgrad des Rohstoffes auch die stöchiometrische Umrechnung auf die entsprechenden Oxide sowie technologisch bedingte Verluste berücksichtigt werden müssen [57]. Gerade im Hinblick auf den Reinheitsgrad des Rohstoffes ist eine genaue Kenntnis über die Nebenbestandteile sowie Restfeuchte und Verunreinigungen von Bedeutung. Ohne Berücksichtigung dieser Faktoren kann keine exakte Aussage über die tatsächlich im Gemenge befindliche oxidische Rohstoffmasse getroffen werden. Es sei darauf hingewiesen, dass eine einzelne Komponente des Gemenges durch unterschiedliche Rohstoffe eingebracht werden kann. Entsprechend Tabelle 13 im Anhang handelt es sich bei den eingesetzten Rohstoffen im Wesentlichen um Oxide, Carbonate, Hydroxide oder Nitrate. Um nun die tatsächlich wirksamen Oxidanteile bestimmen zu können, müssen die stöchiometrischen Verhältnisse berücksichtigt werden. Für eine hinreichend genaue Berechnung der oxidischen Zusammensetzung müssen darüber hinaus Verstaubungs-, Verdampfungs- und Abbrandverluste berücksichtigt werden. Hierunter fallen beispielsweise kristalline Verbindungen, welche bei der Schmelzreaktion Kristallwasser abspalten. Da diese Verluste jedoch stark von der Glasmatrix, der Einschmelztemperatur und der Ofenführung abhängig sind, ist eine genaue Quantifizierung nur durch eine nachträgliche chemische Analyse des geschmolzenen Glases möglich [57]. Die zugrundeliegenden Gemengeberechnungen wurden mit Hilfe eines OSRAM-internen Excel-Makros durchgeführt. Das Makro errechnet beispielsweise bei Vorgabe der Rohstoffe und des Oxidanteils unter Zuhilfenahme der Molekulargewichte der Oxide sowie der Reinheiten der Rohstoffe die Einwaage in Gramm. Bei nichtoxidischen Rohstoffen sind die entsprechenden Umrechnungsfaktoren hinterlegt. Technologisch bedingte Verluste sind im Programm nicht enthalten und müssen dem Gemenge bei Bedarf als Überschuss zugefügt werden.

4.2.3 Glasherstellungsprozess

Ausgangspunkt für die Glasherstellung ist nach entsprechender Simulation (Kapitel 4.2.1) und Gemengeberechnung (Kapitel 4.2.2), das exakte Einwiegen der hochreinen Rohstoffe (Tabelle 13 im Anhang) zu einem Gemenge. Hierbei wurden die Rohstoffe auf einer PG5002-S DeltaRange®-Analysewaage der Firma METTLER TOLEDO in einen Kunststoffschraubbecher (für SpeedMixer™) mit einer Genauigkeit von ± 0,01 g eingewogen. Bei Rohstoffen mit grobem Korn und hohem Wassergehalt wurde das Gemenge zusätzlich einer 15-minütigen Mahlung in einer Mörsermühle (Kapitel 4.3.1) und einer anschließenden einstündigen Trocknung bei T = 150 °C unterzogen. Homogenisiert wurde das Gemenge in einem DAC 150.1 FVZ-K SpeedMixer™ der Firma Hauschild Engineering für 30 s bei 2000 U·min^{-1}. Für den Schmelzprozess wurden unglasierte 70 ml Korundtiegel des Typs C799[22] der Firma Hermsdorf [87] verwendet. Aufgrund der mäßigen Thermoschockbeständigkeit wurden die Tiegel in einem Borel Swiss-Hochtemperaturofen (Ausführungsform Toploader) von Raumtemperatur bis 600 °C mit 10 K/min vortemperiert. Die Gemengeeingabe in den Tiegel erfolgte stets im Ofenraum, wobei zu beachten war, dass die Eingabe des gesamten Gemenges[23] zur rapiden Abkühlung des kleinen Tiegels führte, was eine unmittelbare Rissbildung zur Folge hatte. Aus diesem Grund wurde die Hälfte des Gemenges bei 600 °C in den Tiegel gegeben, auf 700 °C aufgeheizt und 15 min gesintert. Nach dieser Sinterphase wurde dem Tiegel das restliche Gemenge zugefügt und wiederum mit 10 K/min auf die gewünschte Einschmelztemperatur geheizt. Die Einschmelztemperatur ist von den jeweiligen Gemengebestandteilen abhängig und betrug in der Regel zwischen 800 und 1100 °C. Während des Schmelzvorgangs wurde die Schmelze zur Homogenisierung zweimal mit einem Quarzglasstab durchmischt. Der Rückstand am Stab diente gleichzeitig als Indikator für den Verlauf des Aufschmelzvorgangs und zur Abschätzung der nötigen Schmelzdauer. Nach Beendigung des Schmelzvorgangs wurde

[22] Die Angabe C799 entspricht dem Hersteller zufolge einer Zusammensetzung von 99,7 % Al_2O_3.

[23] Da es sich in dieser Arbeit um Glasschmelzen im Labormaßstab handelt, wurde in der Regel 50 g Gemenge hergestellt. Diese Menge reichte aus, um aus dem erhaltenen Glas alle nötigen Probenkörper für die Analysen zu präparieren.

die Schmelze in eine auf T_{an} vortemperierte mehrteilige Metallform mit Graphitbodenplatte gegossen (Abbildung 12, links). Das so geformte Kompaktglas (Glasbarren Abbildung 12, rechts) wurde in einem L3/S Nabertherm-Laborofen für 1 h bei T_{an} entspannt und ohne aktive Kühlung über weitere 10 h auf Raumtemperatur abgekühlt.

Alle auf diese Weise hergestellten Glasschmelzen werden im weiteren Verlauf der Arbeit als Laborschmelzen bezeichnet und mit LS abgekürzt. Die ersten beiden Ziffern der angehängten Nummerierung verweisen auf die fortlaufende Nummer der Schmelze, die anderen beiden auf das Jahr, in dem die Schmelze entstand. Somit bedeutet z.B. die Abkürzung LS 35/13, dass es sich um die 35. Laborschmelze im Jahr 2013 handelt.

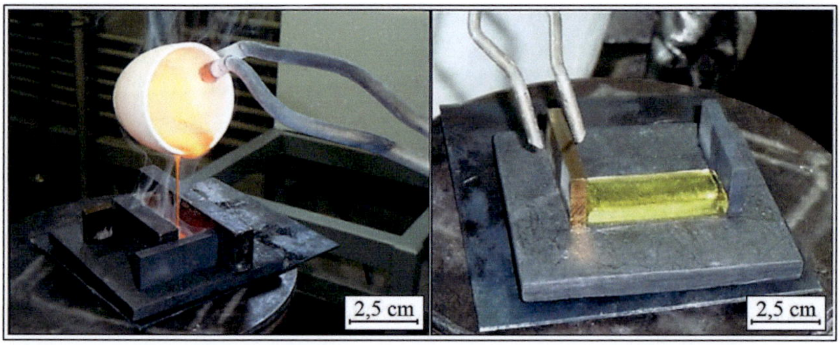

Abbildung 12: Ausgießen der Glasschmelze in eine vortemperierte mehrteilige Metallform mit Graphitbodenplatte (links). Kompaktglas (Glasbarren) nach kurzer Abkühlung bei Raumtemperatur vor Einbringung in den Temperofen (rechts).

4.3 Herstellung von Glaspulvern

Um Glasschichten/Glasstreuschichten herstellen zu können, müssen die erschmolzenen Kompaktgläser gemahlen werden. Dabei ergeben sich in Abhängigkeit vom Mahlverfahren und den Mahlparametern unterschiedliche Kornformen (z.B. Rundkorn oder Splitterkorn) sowie Korngrößen und Korngrößenverteilungen der Glaspulver (Kapitel 5.3.1 und 5.3.2). Diese Faktoren haben neben dem Aufschmelzverhalten auch Einfluss auf die Blasenbildung respektive auf das Kristallisationsverhalten in der Glasschicht. Um ein besseres Verständnis über diese Einflussgrößen zu erhalten, wurde die Pulverherstellung genauer untersucht und systematische Mahlungen mit unterschiedlichen Mühlen und Parametern durchgeführt (Tabelle 4).

Für die Mahlungen kamen eine Mörsermühle (MM), eine Planetenkugelmühle (PKM) und eine Rührwerkskugelmühle (RKM) zum Einsatz. Es wurden geeignete Geräteparameter wie Umdrehungsgeschwindigkeit und Mahldauer ermittelt sowie passende Mahlhilfsmittel und Mahlmedien ausgewählt. Eine Übersicht dieser Mahlversuche ist in Tabelle 4 gegeben.

Tabelle 4: Übersicht verwendeter Parameter bei Mahlungen der LS 35/13[24] mittels Mörsermühle (MM), Planetenkugelmühle (PKM) und Rührwerkskugelmühle (RKM). Neben den Mahlhilfskörpern und Mahlmedien sind die für den Mahlprozess entscheidenden Parameter Drehzahl und Mahldauer angegeben.

	Mörsermühle (MM)	**Planetenkugelmühle (PKM)**	**Rührwerkskugelmühle (RKM)**
Prozess	Trockenmahlung	Trockenmahlung	Nassmahlung
Mahlhilfskörper	Pistill aus Al_2O_3 (Sinterkorund)	SiO_2-Kugeln (Achat) Ø = 20 mm bzw. 3 mm	ZrO_2-Kugeln Ø = 0,3 mm
Mahlmedium	-	-	destilliertes Wasser
Drehzahl	100 $U \cdot min^{-1}$	350, 450 und 550 $U \cdot min^{-1}$	2000 und 3500 $U \cdot min^{-1}$
Mahldauer	0,5, 1, 2 und 6 h	0,5, 1, 2 und 6 h	9 min

4.3.1 Mörsermühle

Die Mahlungen der Glaspulver zur Charakterisierung mittels Erhitzungsmikroskop (Kapitel 4.6.4) und Differenzthermoanalyse (Kapitel 4.6.5) sowie zur Herstellung manueller Rakelschichten (Kapitel 4.4) erfolgten mit einer Mörsermühle. Hierzu kam die Mörsermühle RM 100 der Firma Retsch im Labor der Abteilung Glass Technology (OSRAM GmbH, Augsburg) zum Einsatz. Diese Mühle zerkleinert durch Druck und Reibung in einem Mörser, mit ei-

[24] Ausgangsmahlgut für PKM und RKM: LS 35/13 (Bi_2O_3-haltig), für 1 h in MM

nem bei 100 U·min^{-1} rotierenden Mahlbehälter, das Mahlgut auf eine Endfeinheit von ca. 10 µm. Die Mahlgarnitur bestand aus Sinterkorund. Die Vermahlung in der Mörsermühle erfolgte stets trocken und mit einer Probenmenge von ≥ 30 g. Das Kompaktglas wurde vor Eingabe in den Mahlbehälter in einem Schlagmörser auf eine Aufgabegröße von ≤ 8,0 mm zerbrochen [95]. Gefrittetes[25] Glas konnte hingegen ohne weitere Behandlung in den Mörser gegeben werden. Bei konstantem Anpressdruck zwischen Pistill und Mörser betrug die Mahldauer für die Herstellung der Glaspulver zur Analyse 0,5 h. In weiteren Untersuchungen wurde die Mahldauer von 0,5 h über 1 h bis hin zu 2 h und 6 h variiert. Bei einer Mahldauer > 1 h wurde das Gerät regelmäßig zur Abkühlung abgeschaltet, da dieses Modell über keine aktive Kühlung verfügt und eine Agglomeration der Pulverpartikel durch starke Hitzeentwicklung die Folge gewesen wäre.

4.3.2 Planetenkugelmühle

Ebenfalls zur Trockenmahlung wurde die Planetenkugelmühle Pulverisette 6 classic line[26] der Firma Fritsch eingesetzt. Durchgeführt wurden die Mahlungen in der OSRAM GmbH, Augsburg, Abteilung Glass Technology. Die Zerkleinerung des Mahlguts erfolgt in diesen Mühlen durch Mahlhilfskörper (Mahlkugeln), welche sich in einem Mahlgefäß befinden. Dieses Mahlgefäß ist auf einer rotierenden Bodenplatte angebracht, wobei sich auf dieser Bodenplatte eine separat rotierende Halterung befindet. Durch diese Doppelrotation zerschlagen die Mahlkugeln das Mahlgut durch rotatorisch bedingte Erdbeschleunigungs-, Zentrifugal- und Corioliskräfte auf eine Endfeinheit von bis zu < 1 µm. Um den Einfluss der Größe der Mahlhilfskörper auf die Endfeinheit des Glaspulvers zu demonstrieren, wurden Mahlkugeln des Durchmessers 20 mm bzw. 3 mm verwendet. Sowohl die Mahlhilfskörper als auch das Mahlgefäß bestanden aus Achat. Laut Herstellerangaben sollte das

[25] Fritten ist eine Vorgehensweise am Ende eines Glasschmelzprozesses, bei der die Glasschmelze rapide abgekühlt wird. Dies kann z.B. durch Ausgießen der Schmelze in Wasser erfolgen. Die dadurch eingebrachten Spannungen führen zum Zerbersten des Glases in kleine Partikel, welche mühelos weiter zerkleinert werden können.

[26] Dieses Gerät ist auch zur Nassmahlung geeignet.

Volumen des Mahlgefäßes zu 1/3 mit Kugeln und 1/3 mit Probenmaterial gefüllt sein. Dementsprechend wurden ca. 2000 Achatkugeln des Durchmessers 3 mm und 8 Achatkugeln des Durchmessers 20 mm verwendet, die eine identische Gesamtmasse aufwiesen. Das Ausgangsmahlgut wurde aus dem jeweiligen Kompaktglas durch eine einstündige Mahlung in der Mörsermühle hergestellt. Um die Auswirkung der Mahldauer und Drehzahl beschreiben zu können, wurde das Mahlgut bei 350, 450 und 550 $U \cdot min^{-1}$ für jeweils 0,5 h, 1 h, 2 h und 6 h zerkleinert.

4.3.3 Rührwerkskugelmühle

In Kooperation mit dem OSRAM-Partnerlabor der Abteilung CI AT MAT PH[27] in Schwabmünchen wurden an einer LABSTAR-Rührwerkskugelmühle der Firma NETZSCH Nassmahlungen nach Tabelle 4 durchgeführt. In einem Vorratsbehälter wurden 3000 ml dest. Wasser mit 500 g Glaspulver (Ausgangsmahlgut 1 h in MM) vermischt und mit einem Rührer homogenisiert. Mit einer Pumpgeschwindigkeit von 70 $U \cdot min^{-1}$ wurde das Mahlgut in ein 200 ml Mahlgefäß gefördert. Dieses Mahlgefäß aus Zirkonoxid war zu 95 % mit ZrO_2-Kugeln (Ø = 0,3 mm) gefüllt und wurde mit Umdrehungsgeschwindigkeiten von 2000 bzw. 3500 $U \cdot min^{-1}$ betrieben. Das Mahlprinzip ist ähnlich dem der Planetenkugelmühle, wobei hier kleinere Kugeln verwendet wurden und die Mahlung darüber hinaus in destilliertem Wasser erfolgte. Durch die Mahlleistung von 100 W wird das Mahlgut bedingt durch die hohe Energie der Mahlkugeln zerschlagen und gelangt durch eine rotierende Förderschnecke im Mahlgefäß zum Auslass. Die Abtrennung der Mahlhilfskörper vom Mahlgut geschieht am Auslass durch eng nebeneinanderstehende Keramikscheiben (Spaltweite = 0,15 mm). Die Gesamtzeit der Mahlung betrug 9 min. Das Mahlgut wurde durch Sedimentation vom Mahlmedium Wasser getrennt und über mehrere Stunden in einem Trockenschrank getrocknet. Der so erhaltene „Kuchen" wurde, unter Zugabe von Isopropanol, nochmals für 5 min in einer Mörsermühle separiert.

[27] *Corporate Innovation Advanced Technologies Materials Phosphor*

4.4 Pastenherstellung, Applikation und Verglasung

Um die Eignung der hergestellten Gläser als Matrixmaterial zu überprüfen, wurden die Glaspulver ohne Streuer (Streupartikel) zu einer Glaspaste (GP) gemischt und manuell auf Glas aufgerakelt. Hierzu wurde das zu prüfende Kompaktglas für 30 min in einer Mörsermühle zerkleinert und anschließend auf eine Korngröße ≤ 20 µm gesiebt. Schließlich wurde, unter dauerhaftem Rühren mittels Laborspatel, zu 2 g des Pulvers tropfenweise 1,3-Butandiol hinzugegeben, bis eine rakelfähige Paste entstand. Zur Homogenisierung wurde das Gemisch für 60 s bei 3500 $U \cdot min^{-1}$ in einem SpeedMixer™ behandelt. Unmittelbar im Anschluss wurde die Paste mit einer metallischen Handrakel auf sechs Objektträger appliziert und für 20 h bei 70 °C in einem Trockenschrank getrocknet. Die Nassschichtdicke wurde hierbei über einen 40-45 µm dicken Klebestreifen eingestellt, welcher auf beiden Seiten des Objektträgers angebracht wurde und als Abstandshalter zwischen Rakel und Beschichtungsoberfläche fungierte. Diese sehr berührungsempfindlichen Schichten wurden in Abhängigkeit vom verwendeten Glas nach einem bestimmten Temperatur-Zeitprogramm in einem Ofen mit Glasmuffel zu einer ≤ 20 µm dicken Schicht verglast. Dies ist eine schnelle und unkomplizierte Möglichkeit, aus diversen Glaspulvern Schichten zu erzeugen, um sie auf ihre Eignung als Glasmatrix untersuchen zu können. Konnte ein geeignetes Temperatur-Zeitprogramm für die Verglasung der jeweiligen Glaspulverschicht gefunden werden, welches eine blasenfreie und nahezu farblose Glasschicht mit den geforderten Ansprüchen aus Kapitel 3.3.1 gewährleistete, wurden für weiterführende Versuche 250 g des entsprechenden Glases geschmolzen.

Um die entwickelte Glasmatrix sowohl als Glasschicht (aus einer Glaspaste, GP) als auch als hochbrechende Streuschicht (aus einer Streupaste, SP)[28] in einer OLED testen zu können, ist eine manuell gerakelte Schicht nicht mehr ausreichend. Diese weist keine homogene Schichtdicke über den gesamten Beschichtungsbereich auf und birgt durch die Verwendung von Partikeln mit

[28] Streupaste bedeutet in diesem Zusammenhang eine Glaspaste, welche mit Streupartikeln versetzt wurde.

einer Größe von ca. 20 µm die Gefahr, dass spitze/nadelförmige Durchdringungen *(engl. spikes)* an der Schichtoberfläche zu einem späteren Kurzschluss in der OLED führen.

Das maschinelle Siebdruckverfahren (Abbildung 13, links) weist gegenüber der manuellen Applikation einige Vorteile auf und hat sich OSRAM-intern etabliert. Es liefert beispielsweise homogene Schichtdicken im geforderten Schichtdickenbereich von 10-100 µm. Darüber hinaus können Schichten strukturiert aufgebracht werden (Abbildung 13, rechts), der Prozess ist skalierbar und lässt sich gut in laufende OLED-Fertigungsabläufe integrieren. Die Beschichtung erfolgte zu Beginn des Projektes unter Normalbedingungen, nicht im Reinraum.

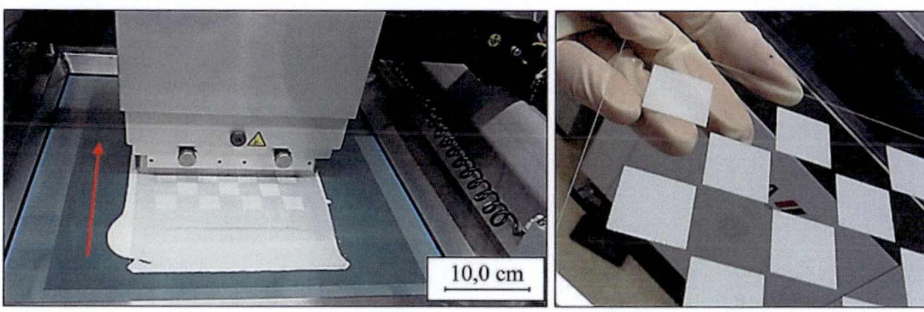

Abbildung 13: Arbeitsprinzip einer vollautomatischen Siebdruckmaschine beim Rakeln einer Glasstreupaste (SP) auf ein darunterliegendes Glassubstrat. Die Rakelrichtung wird durch den roten Pfeil gekennzeichnet (links). Mit Streupaste beschichtetes OLED-Substrat im Layout eines Schachbretts (rechts).

Die Glaspaste kann unterschiedliche Zusätze, sogenannte Additive, beispielsweise Lösemittel und Binder auf Basis von Zellulose, Zellulosederivate, Nitrozellulose, Zelluloseacetat und Acrylate beinhalten. Als Binder wird ein wassermischbares Siebdruckmedium verwendet, welches bezüglich Verarbeitung und Binderausbrand auf die Glasschichten abgestimmt ist, so dass keinerlei Verfärbungen auftreten. Binderhaltige Suspensionsmittel werden verwendet, um das „Abbröckeln" der Glaspulverschicht vor dem Sinterprozess zu minimieren [110]. Organische Zusätze, die meist flüssig und/oder flüchtig sein können, lassen sich thermisch aus der Schicht entfernen, d.h. die

Schicht kann thermisch getrocknet werden. Nichtflüchtige organische Zusätze können mittels Pyrolyse entfernt werden. Ein Erhöhen der Temperatur kann dabei die Trocknung bzw. die Pyrolyse beschleunigen bzw. ermöglichen.

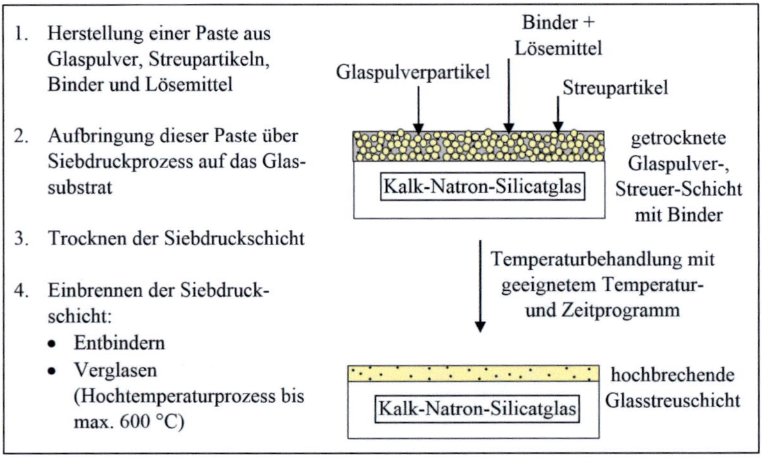

Abbildung 14: Überblick der wesentlichen Verfahrensschritte zur Herstellung einer Streuschicht mit Glasmatrix.

Die aus 250 g Kompaktglas hergestellten Glaspulver wurden nach den bereits beschriebenen Mahlverfahren gemahlen und auf einen Korndurchmesser von ≤ 20 µm gesiebt. Eine weitere Zerkleinerung der Glaspartikel auf eine Endfeinheit ≤ 5 µm erfolgte nach der Verarbeitung zu einer Paste in einem Dreiwalzwerk. Als Streuzentren wurden insbesondere oxidische Partikel (TiO_2 und amorphes SiO_2) mit einem Durchmesser von vorzugsweise 1-3 µm eingesetzt, welche sich im Brechungsindex deutlich von der Glasmatrix unterscheiden. Der Streuer wurde während der Pastenherstellung mittels ULTRA-TURRAX®-Rührer eindispergiert. Für jede Streupartikelkonzentration musste eine eigene Paste hergestellt werden, die dann siebgedruckt und getrocknet wurde. Nach dem Trocknen der Siebdruckschichten erfolgte das Einbrennen mit den Parametern aus den jeweiligen Vorversuchen (manuelle Rakelschichten). Während dieser Temperaturbehandlung wird im ersten Schritt „entbindert". Im Anschluss daran versintern die Glaspartikel zu einer glatten, möglichst porenfreien, dichten und vorzugsweise 5-15 µm dicken Glasschicht/Glasstreuschicht („Verglasen“) und umschließen idealerweise die Streupartikel, ohne mit ihnen zu reagieren. Damit sich bei diesem Vorgang das Substrat möglichst nicht verformt, ist die Erweichungstemperatur des Glaspulvers möglichst gering zu wählen. Idealerweise liegt die Erweichungstemperatur des Glaspulvers unter der Transformationstemperatur des Substrats. Eine Zusammenfassung der einzelnen Verfahrensschritte zur Herstellung einer Streuschicht mit Glasmatrix ist in Abbildung 14 gegeben.

4.5 Präparation der Prüfkörper

Je nach Art der Charakterisierungsmethode (Kapitel 4.6) wird entweder ein Prüfkörper als Kompaktglas (getemperter Glasbarren, Abbildung 12, rechts) oder Glaspulver eingesetzt. Die für die jeweilige Analyse erforderlichen Bearbeitungsschritte zur Präparation werden nachfolgend erläutert.

In Anlehnung an [16] sind Probekörper für dilatometrische Messungen so herzustellen, dass beide Stirnflächen eben und rechtwinklig zur Probenlängsachse und darüber hinaus frei von Graten und Fremdpartikeln sind. Genauere Anforderungen an die Geometrie sind nicht angegeben, da diese von der jeweiligen Problemstellung sowie den Anforderungen an die Genauigkeit abhängig sind. Im vorliegenden Fall wurden die Probekörper aus einem Glasbarren durch Nasssägen und -schleifen so geformt, dass ein Glasstab der Länge 50,0 ± 1,0 mm und des Durchmessers 6,0 ± 1,0 mm entstand (Abbildung 15, links). Die planparallelen Flächen wurden mit einem SiC-Nassschleifpapier der Körnung 4000 glattgeschliffen. Da der Glasbarren bereits getempert vorlag, war keine weitere Temperaturbehandlung nötig. Spannungen im Probekörper würden sich bei der Messung durch ein Abknicken des linearen Kurvenverlaufs äußern.

Für Transmissionsmessungen am UV-/Vis-/NIR-Spektralphotometer und zur Bestimmung der Brechzahl mittels Ellipsometer wurden Glasplättchen (Abbildung 15, mittig) mit einer Mindestfläche von 15,0 x 10,0 mm ± 2,0 mm und einer Dicke von 1,0 ± 0,1 mm hergestellt. Hierzu wurde mithilfe einer Säge (mit Diamant-Trennscheibe) ein entsprechender Körper vom Glasbarren abgetrennt und per Flächenschleifmaschine auf die erforderliche Dicke geschliffen. Für die spätere Platzierung der Probe im Spektralphotometer erwies es sich als sinnvoll, an der Unterseite eine plane Standfläche anzuschleifen. Nachdem die Intensitätsabnahme des Lichts bei der Transmissionsmessung entscheidend von der Dicke des Probekörpers abhängig ist (Formel (3-10)), wurde zur exakten Vermessung und Kontrolle ein Außen-Messtaster verwendet. Die Oberflächengüte der Probekörper ist speziell für optische Analysen aufgrund möglicher Streuprozesse von entscheidender Bedeutung. Um Riefen und Kratzer auf der Probe zu vermeiden, wurden beide Flächen zuerst grob (Körnung 120/220/500/800) und anschließend fein (Körnung 1000/1200/2400/4000) mit SiC-Nassschleifpapier geschliffen. Darüber hinaus musste die Probe frei von Blasen und Einschlüssen sein und planparallele Flächen aufweisen. Zuletzt wurde die Oberfläche am Mikroskop überprüft und wenn erforderlich, einem abschließenden Polierschritt unterzogen. Vor den ellipsometrischen Messungen wurde die Unterseite der Probe mit einem undurchsichtigen Klebeband präpariert, um störende Rückseitenreflexionen zu vermeiden.

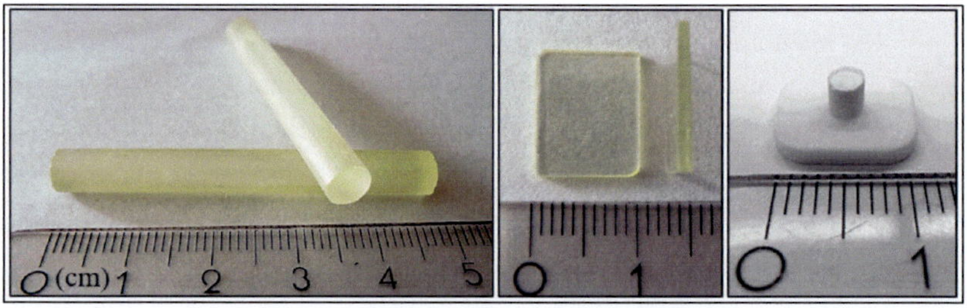

Abbildung 15: Darstellung der Probekörper zur Charakterisierung: Glasstab für Dilatometermessungen (links), Glasplättchen für Messungen am UV-/Vis-/NIR-Spektralphotometer und Ellipsometer (mittig) und Glaspulverpressling auf Al_2O_3-Probenträger für erhitzungsmikroskopische Messungen (rechts).

Prüfkörper für erhitzungsmikroskopische Messungen wurden unter Berücksichtigung von [17] aus Glaspulvern gepresst. Hierzu wurde das zu prüfende Glas grob zerbrochen und für 0,5 h in einer Mörsermühle (Kapitel 4.3.1) zu einem Pulver mit Korndurchmesser $d_{90} = 235{,}40\ \mu m$ verarbeitet. Anschließend wurden 2 g Pulver in einem Achat-Handmörser nochmals fein gemahlen und mit destilliertem Wasser angefeuchtet. In einer Federdruck-Handpresse wurde die Masse zu einem zylindrischen Probekörper mit einer Höhe von 3,0 mm und einem Durchmesser von ebenfalls 3,0 mm (Abbildung 15, rechts) gepresst und für die weitere Untersuchung auf einen Al_2O_3-Probenträger appliziert.

Sofern in diesem Kapitel keine nähere Beschreibung der Probenpräparation erfolgt, ist für alle unter Kapitel 4.6 dargestellten Charakterisierungsmethoden keine spezielle Probenvorbereitung nötig gewesen.

4.6 Charakterisierung der Kompaktgläser, Glaspulver, Glasschichten und Glasstreuschichten

Die Reihenfolge der nachstehenden Charakterisierungsmethoden ist so gewählt, wie sie im Verlauf des Entwicklungsprozesses durchgeführt wurden. Zunächst wurden die erschmolzenen Gläser auf ihre Eignung als Schichtmaterial untersucht (Anforderungen, Kapitel 3.3.1). Hierzu wurden Kompaktgläser wie unter Kapitel 4.5 beschrieben präpariert und hinsichtlich ihrer Wärmeausdehnung (Kapitel 3.2.2.2 und 4.6.1), Brechzahl (Kapitel 3.2.3.1 und 4.6.2) und Transmissionseigenschaften (3.2.3.2 und 4.6.3) charakterisiert.

Um evtl. auftretende Entglasungserscheinungen[29] vor der Schichtherstellung feststellen zu können, wurden Differenzthermoanalysen (Kapitel 4.6.5) an Glaspulvern durchgeführt. Zur Erzeugung von Glasschichten/Glasstreuschichten auf Glassubstraten ist ein genaues Verständnis des Erweichungs- und Fließverhaltens unerlässlich. Hierzu wurden Glaspulver am Erhitzungsmikroskop (Kapitel 4.6.4) beobachtet. Da das Erweichungsverhalten von Glaspulvern sowie das Auftreten von Blasen in Glasschichten unter anderem von Korngröße, -verteilung und -form abhängig ist, wurden stichprobenartige Messungen am Lasergranulometer (Kapitel 4.6.6) durchgeführt und durch rasterelektronenmikroskopische Untersuchungen (Kapitel 4.6.7) ergänzt.

[29] Partiell auftretende Kristalle in einer amorphen Glasmatrix.

Abschließend wurden die erzeugten Glasschichten am Polarisationsmikroskop (Kapitel 4.6.8) auf mögliche Defekte untersucht. Aufgetreten sind hierbei hauptsächlich doppelbrechende Kristalle und Blasen.

4.6.1 Dilatometrie

Zur Bestimmung des Wärmeausdehnungskoeffizienten $\alpha_{20\text{-}300\,°C}$ (WAK) sowie der Transformationstemperatur T_g und der dilatometrischen Erweichungstemperatur M_g (Abbildung 8) der Streuschichtmatrix kam das horizontale Schubstangendilatometer DIL 402 E der Firma NETZSCH zum Einsatz. Hierbei wurde die Längenausdehnung eines Probekörpers in Abhängigkeit von der Temperatur über eine horizontal gelagerte Schubstange und einen dahinter folgenden induktiven Wegaufnehmer detektiert. Die Darstellung dieser Wegänderung über der Temperatur ergab die Ausdehnungskurve, wobei die Wärmedehnung bis zum Erreichen des dilatometrischen Erweichungspunktes positiv verlief (Anstieg der Kurve) und beim Überschreiten negativ (Abfall der Kurve) wurde [16]. Beim verwendeten Gerät handelte es sich um eine Abwandlung des unter [73] beschriebenen Dilatometers mit nahezu identischem Leistungsspektrum. Durchgeführt wurden die Messungen in der Abteilung Glass Technology der OSRAM GmbH, Augsburg. Die getemperten Probekörper (Abbildung 15, links) wurden auf einem Quarzglasprobenhalter bei einer Aufheizrate von 5,0 K/min unter Normalatmosphäre im Modus Standardausdehnung von Raumtemperatur bis zum dilatometrischen Erweichungspunkt erhitzt und analysiert. Gekoppelt an die Software Proteus®, welche neben der Durchführung der Messung auch die Aufzeichnung und Auswertung der Messdaten ermöglichte, wurden die entsprechenden Glaseigenschaften bestimmt. Unter Berücksichtigung aller nötiger Korrekturfaktoren und in Anlehnung an [16] wurden halbautomatische Routinen zur Bestimmung von T_g (Onsettemperatur)[30] und M_g (Peaktemperatur)[31] verwendet. Die

[30] Temperatur für den Schnittpunkt der zwei Tangenten, die an den Tieftemperaturast und an den Hochtemperaturast der Dilatometerkurve gelegt werden [18].

[31] Temperatur des Maximums der Ausdehnungskennlinie im Dilatometer. Bei einer Überschreitung dieser Temperatur wird die Glasprobe durch die Kraft der Schubstange zusammengedrückt. Die Entspannung des Glases erfolgt bei dieser Temperatur in 15 Sek. [27].

Berechnung und Darstellung des WAK $\alpha_{20\text{-}300\,°C}$ wurde ebenfalls per Software durchgeführt.

4.6.2 Ellipsometrie

In Zusammenarbeit mit dem Nachbarlabor der Abteilung CI ANM EU[32] (OSRAM GmbH, Augsburg) erfolgten an einem SENpro-Ellipsometer der Firma SENTECH [112] Brechzahlmessungen. Die Messungen wurden unter einem konstanten Einstrahlwinkel von $\Phi_0 = 70\,°$ in einem Wellenlängenbereich von 370,1 nm bis 850,1 nm durchgeführt. Als Lichtquelle wurde eine Wolfram-Halogenlampe verwendet, welche auf der Probenoberfläche einen Messfleck von 3x1 mm erzeugte.

Das auf die Probe eingestrahlte linear polarisierte Licht wird an der Oberfläche teilweise gebrochen und andernfalls reflektiert. Bei der Reflexion an der Oberfläche erfahren die senkrechte und die parallele Komponente der linear polarisierten elektromagnetischen Welle eine Änderung in ihrer Amplitude sowie ihrer Phase. Es entsteht somit elliptisch polarisiertes Licht, was der Messmethode ihren Namen gibt. Die Amplituden- und Phasenänderung wurde über die Software SpectraRay/3 mathematisch erfasst und verarbeitet. Bei der Auswertung der Messergebnisse wurde bewusst ein möglichst simples Modell gewählt, welches Oberflächenrauheit und Krümmung des Substrats ignoriert. Weitere Annahmen waren eine ideal transparente Schicht mit möglichst geringer Absorption sowie ein homogener Verlauf des Brechungsindex über der Schichtdicke. Durch die getroffenen Annahmen konnte der Brechungsindex in Abhängigkeit von der Wellenlänge n(λ) nach der Cauchy-Gleichung [52] wie folgt ermittelt werden:

$$n(\lambda) = A + \frac{B}{\lambda^2} + \frac{C}{\lambda^4} \tag{4-1}$$

Die sogenannten Cauchy-Konstanten A, B und C wurden vom Computerprogramm berechnet. Der Vollständigkeit halber sei erwähnt, dass trotz der geringen Absorption der entwickelten Gläser und Glasstreuschichten im blauen

---

[32] *Corporate Innovation Photometry and Analytics Europe*

Wellenlängenbereich (z.B. Bi_2O_3-haltige Gläser) das Cauchy-Modell angewandt wurde. Deutlich komplexere Berechnungsmethoden ergaben im Vergleich zu Gleichung (4-1) keine signifikanten Brechzahlunterschiede.

4.6.3 UV-/Vis-/NIR-Spektroskopie

Zur Bestimmung des spektralen Transmissionsgrades τ (Formel (3-11)) des Glasprobekörpers (Abbildung 15, mittig) diente ein LAMBDA 950 UV-/Vis-/NIR-Spektralphotometer der Firma PerkinElmer mit eingebauter Integrationskugel[33] [82]. Die Messungen im Labor der OSRAM GmbH, Augsburg, Abteilung Glass Technology, wurden im Transmissionsmodus % T vorzugsweise im Wellenlängenbereich zwischen 200-1000 nm gemessen. Mit Hilfe einer Aperturblende wurde der großflächige Lichtstrahl auf die Probenfläche angepasst. Detektiert wurde die transmittierte Lichtstrahlung im Wellenlängenbereich > 820 nm mit einem InGaAs-Infrarotdetektor (Indiumgalliumarsenid) und zwischen 200-820 nm mittels Photomultiplier. Zur Bestrahlung wurde im UV-Bereich eine Deuteriumlampe und im Vis- und NIR-Bereich eine Halogenlampe verwendet. Die Messung des Transmissionsgrades in Abhängigkeit von der Wellenlänge erfolgte computergesteuert über die Software PerkinElmer UV WinLab. Nach der Auswahl einer Messmethode mit festgelegten Messparametern wurde zunächst bei leerem Probenraum eine Basislinie aufgenommen (100 % Transmission). Nach dem Einsetzen des Probekörpers vor der Kugelöffnung wurde die Probe mittig im Probenstrahl platziert und vermessen. Die Messung des Transmissionsgrades τ der Glasmatrix ist wichtig, da so Aussagen darüber getroffen werden können, welche Wellenlängenbereiche der organischen Emitterschicht der OLED überhaupt ausgekoppelt und welche von der eingebauten Streuschichtmatrix absorbiert werden. Darüber hinaus konnten transmissionsbeeinflussende Glasbestandteile, welche bewusst hinzugefügt wurden oder als Verunreinigung im Gemenge vorlagen, nachgewiesen werden. Beispiele hierfür sind u.a. Kupfer (Cu^{2+}), Eisen (Fe^{2+}/Fe^{3+}) oder Kobalt (Co^{2+}/Co^{3+}) (Kapitel 3.2.3.2).

---

33 Ulbricht-Kugel (Durchmesser von 150 mm), mit der gekrümmte, lichtbrechende und lichtstreuende Proben gemessen werden können.

4.6.4 Erhitzungsmikroskopie

Die erhitzungsmikroskopischen Untersuchungen wurden an einem von Hesse Instruments technisch überarbeiteten Leica Erhitzungsmikroskop (EMI) [41] der OSRAM GmbH, Augsburg, Abteilung Glass Technology durchgeführt. Der Probekörper (Abbildung 15, rechts) wurde in einem Rohrofen bei einer Aufheizrate von 10,0 K/min und Normalatmosphäre im Modus Durchlicht analysiert. Die Probe wurde dabei von Raumtemperatur bis zum Erreichen des Fließpunktes erhitzt. Mit Hilfe der EMI-Software erfolgte während der Messung die automatische Aufzeichnung der Erweichungs-[34], Sphärisch-[35], Halbkugel-[36] und Fließtemperatur[37].

Ein Erhitzungsmikroskop ermöglicht über ein fotografisches Aufnahme- oder Video-Verfahren, den Sinter- und Schmelzverlauf eines Glaspulverpresslings bei steigender Temperatur zu dokumentieren. Hierzu zeichnet eine Computersoftware die vergrößert dargestellte Kontur eines beleuchteten Pulverpresslings auf und ermittelt, bedingt durch den Anstieg der Temperatur, die Abweichung der aktuellen Silhouette vom Ausgangsschattenbild (Probenhöhe 100 %). Nach [17] wird das Schmelzverhalten des Glaspulvers durch die Angabe von Erweichungs-, Sphärisch-, Halbkugel- und Fließtemperatur ausreichend gekennzeichnet. Weichen die jeweiligen charakteristischen Temperaturen bei Wiederholungsmessungen derselben Probe (selber Beobachter, gleiche Messbedingungen) nicht mehr als ± 30 K voneinander ab, ist laut [17] das Messergebnis aussagekräftig. Aufgrund dieser hohen Toleranz sind streng wissenschaftliche Vergleiche an verschiedenen Glaspulvern unterschiedlicher Zusammensetzung nur schwer anzustellen. Erfahrungsgemäß bietet die Halbkugeltemperatur jedoch einen verlässlichen Anhaltspunkt über die spätere Verglasungstemperatur der Glasschicht. Darüber hinaus ließen sich durch

---

[34] Temperatur, bei der erste Anzeichen einer Erweichung sichtbar werden. Meist in Form von rundwerdenden Kanten des Probekörpers erkennbar.

[35] Temperatur, bei der die Probe eine kugelähnliche Gestalt annimmt und die Höhe der Grundlinie besitzt.

[36] Temperatur, bei der die Probe die Form einer Halbkugel annimmt.

[37] Temperatur, bei der die Höhe der Probe nur noch 33,3 % der Ausgangshöhe beträgt.

die Aufzeichnung der Silhouette im Fließbereich wertvolle Erkenntnisse über die Blasenbildung in der späteren Glasschicht gewinnen.

4.6.5 Differenzthermoanalyse

Mit Hilfe der Differenzthermoanalyse (DTA) mit gekoppelter Thermogravimetrie (TG) war es möglich, neben der Bestimmung der Transformationstemperatur auch exotherme (z.B. Kristallisation) und endotherme Reaktionen (z.B. Schmelzen, Verdampfen) sowie Masseverluste beim Erhitzen des Glaspulvers zu detektieren. Die Messungen in dieser Arbeit wurden bei der OSRAM GmbH, Augsburg, Abteilung Glass Technology, an einem STA 409 C/CD der Firma NETZSCH durchgeführt und mittels NETZSCH Proteus® Software ausgewertet. Für die Untersuchung wurden 600-800 mg[38] Glaspulver mit einem Korndurchmesser d_{90} = 235,40 µm in einen α-Al_2O_3-Tiegel eingewogen und in einem Hochtemperatur-Rohrofen (SiC-Heizelemente) bei einer Aufheizrate von 5,0 K/min von Raumtemperatur bis 950 °C analysiert. Als Referenzsubstanz wurde chemisch inertes Al_2O_3-Pulver verwendet, welches zuvor bei 1200 °C ausgeheizt wurde. Die Probenkammer wurde bei einer Durchflussrate von 100 ml/min mit synthetischer Luft (80 % N_2/20 % O_2) gespült.

Prinzipiell wird bei der DTA die Temperaturdifferenz zwischen der Probe und einer Referenzsubstanz bei konstanter Aufheizrate gemessen und als Funktion der Zeit aufgezeichnet. Da die Referenzsubstanz chemisch inert ist, laufen Reaktionen nur im Probentiegel ab. Hierbei gibt es wärmeverbrauchende, endotherme und wärmefreisetzende, exotherme Reaktionen [55].

4.6.6 CILAS-Lasergranulometrie

In Kooperation mit der Abteilung CI AT MAT PH der OSRAM GmbH, Schwabmünchen, wurden an einem CILAS 1064 Lasergranulometer der QUANTACHROME GmbH Korndurchmesser und Korngrößenverteilungen von Glaspulvern (Kapitel 4.3) bestimmt. Hierzu wurde mittels Laserbeugung

[38] Die Gesamteinwaage (Glaspulver + Tiegel) richtet sich nach dem Referenzgewicht (Referenztiegel + Referenzsubstanz) und sollte nahezu gleich sein.

eine repräsentative Stichprobe der Pulverproben in destilliertem Wasser vermessen. Um Primärpartikel zu charakterisieren und Agglomerate zu vermeiden, wurde die wässrige Dispersion mit dem Tensid W5 als Dispergiermittel versetzt. Zur Deagglomeration der Partikel wurde die zu untersuchende Probe zusätzlich mittels Ultraschall behandelt.

Die Partikelgrößenbestimmung im Modus LS-Labor[39] erfolgt prinzipiell beim Durchstrahlen einer Messzelle mit einem kohärenten, monochromatischen Laserstrahl. Durch die Wechselwirkung zwischen Laserstrahl und Glaspulverpartikeln treten in Abhängigkeit von der Partikelgröße Beugungsphänomene auf, wobei Partikel mit großem Durchmesser den Laserstrahl weniger stark beugen, d.h. in einem kleinen Winkel. Kleine Partikel müssen von Detektoren hingegen unter größeren Winkeln gegenüber dem Laserstrahl aufgenommen werden. Somit führen größere Partikel zu größeren Intensitätsmaxima bei kleineren Winkeln und kleinere Partikel zu schwächeren Intensitätsmaxima bei größeren Winkeln. Meist wird die Auswertung über die Fraunhofer-Theorie durchgeführt, da diese eine Korrelation zwischen der Lichtintensität und dem Partikeldurchmesser gibt. Ein weiterer Vorteil der Fraunhofer-Theorie gegenüber der Mie-Theorie ist die Interpretation der Beugungsbilder ohne notwendige Kenntnisse über die Brechungs- und Absorptionsindices des zu messenden Materials. Mit komplexen mathematischen Matrix-Algorithmen errechnen Computer dann die Partikelgrößenverteilungen [89].

4.6.7 Feldemissions-Rasterelektronenmikroskopie

Während Messungen am CILAS-Lasergranulometer zur Bestimmung von Korndurchmessern und Korngrößenverteilungen dienten (Kapitel 4.6.6), wurde das erzeugte Glaspulver der Laborschmelze LS 35/13 (Kapitel 4.3 und 5.3) darüber hinaus an einem ZEISS SUPRA Feldemissions-Rasterelektronenmikroskop der Abteilung SP PRE PLM DMET[40] der OSRAM GmbH, Schwabmünchen, analysiert. Durch diese ultrahoch auflösende bildgebende Messmethode waren zusätzliche Aussagen über die Form der Körner (z.B.

---

[39] LS steht in diesem Fall für Leuchtstoff, welcher in diesem Labor vorrangig charakterisiert wird.

[40] *Specialty Lighting Prematerials Product Lifecycle Management Development Metal*

Rundkorn oder Splitterkorn) sowie die Mikrostruktur der Kornoberflächen möglich. Ferner vermittelte diese Messmethode dem Betrachter einen raschen Eindruck über etwaige Agglomerate und gab bildlich die Korngrößenverteilung wider. Zu diesem Zweck wurde das zu analysierende Glaspulver mit einer Goldschicht bedampft, um einer Aufladung durch den Elektronenstrahl entgegenzuwirken. In einem weiteren Schritt wurde die Pulveroberfläche im Hochvakuum bei einem Arbeitsabstand von 11 mm mit einem Elektronenstrahl abgescannt. Die Beschleunigungsspannung der Elektronen betrug hierbei 3 kV. Durch die Wechselwirkung des Primärstrahls mit der Pulveroberfläche wurden Sekundärelektronen erzeugt, welche in einem Sekundärelektronen-Detektor (SE-Detektor) erfasst wurden. Für die Aufzeichnung der zurückgestreuten Elektronen wurde ein entsprechender Rückstreuelektronen-Detektor (BSE-Detektor, *engl. Back-Scattered-Electron-Detector*) verwendet. Über Hell-Dunkel-Kontraste im SE-Detektor wurde die Oberflächentopografie ersichtlich, während der BSE-Detektor den Materialkontrast (schwere Elemente erscheinen heller als leichte Elemente) darstellte. Mit dieser Methode wurden rasterelektronenmikroskopische Aufnahmen des Glaspulvers bei Vergrößerungen zwischen 100x-10000x gemacht (Kapitel 5.3.1 und 5.3.2).

4.6.8 Polarisationsmikroskopie

Beim Verglasen von Glasschichten aus einer Glaspaste (Kapitel 4.4) kann es während des Sinterprozesses unter anderem zu störenden Gaseinschlüssen in Form von Blasen kommen. Ferner sind in Abhängigkeit des Glassystems, der gewählten Verglasungstemperatur sowie der Aufheizrate und der Haltezeit Kristallisationsprozesse in der Glasschicht möglich. Kristalle können unter anderem in doppelbrechender Form vorliegen und sowohl nadel- als auch stäbchenförmige oder quadratische Ausprägungen haben. Um geeignete Glassysteme sowie Verglasungsparameter für die Glasmatrix der späteren OLED-Streuschicht zu finden, wurden die hergestellten Rakelschichten bzgl. möglicher Blasen, Kristalle und anderer Einschlüsse analysiert. Hierzu wurde die jeweilige Glasschicht nach dem Verglasungsvorgang in einem ZEISS UNIVERSAL Mikroskop (OSRAM GmbH, Augsburg, Abteilung Glass Technology) im Durchlichtmodus zwischen gekreuztem Polarisator-Analysator untersucht [140]. Die auf einem drehbaren Tisch positionierte Probe wurde mit linear polarisiertem Licht durchstrahlt, wobei doppelbrechende Strukturen im Strahlengang eine Aufspaltung der Lichtwelle in zwei Teilwellen bewirkten. Diese beiden Wellenzüge standen senkrecht aufeinander und waren bzgl. der Polarisationsebene um 45 Grad gedreht. Trafen beide Wellenzüge auf den Analysator, erfolgte eine Drehung der Schwingungsebenen in der Art, dass beide Teilwellen den Analysator passieren konnten. Dies geschah jedoch nur unter geeigneter Positionierung der Probe im Strahlengang. Hierzu musste die Probe so gedreht werden, dass die beiden Schwingungsebenen der Struktur nicht mit der Polarisationsebene des Lichts zusammenfielen. Die konstruktiv interferierenden Wellenzüge führten zum Aufleuchten doppelbrechender Strukturen. Bereiche der Probe, welche keinen doppelbrechenden Charakter hatten, erschienen hingegen schwarz [59]. Die Aufzeichnung des mikroskopischen Bildes erfolgte computergestützt mittels einer Full HD Industriekamera des Herstellers IDS-Imaging Development Systems GmbH, Modell UI-3580CP-C-HQ und der Computersoftware uEye® Cockpit.

4.7 Elektrooptische Charakterisierung der OLED

Nach der Prozessierung der OLED (Kapitel 5.7.1) werden die einzelnen Bauteile bezüglich ihrer elektrooptischen Eigenschaften charakterisiert. Neben der Aufzeichnung von Strom-Spannungskennlinien und winkelabhängigen Lichtverteilungsmessungen wird jedes betriebsfähige OLED-Bauteil hinsichtlich der Leuchtdichte und Lichtausbeute (Kapitel 3.1.3) spezifiziert. Die beiden letztgenannten Verfahren werden nun kurz beschrieben, da sie in Kapitel 5.7.2 zu wichtigen Erkenntnissen in Bezug auf die Lichtauskopplung von OLEDs mit Streuschicht beitragen.

Die Leuchtdichte eines Flächenstrahlers wurde mithilfe der Leuchtdichtemesskamera LumiCam 1300 von Instrument Systems aufgezeichnet. Das bildgebende Messverfahren wertet dabei die leuchtende Fläche mittels hochauflösendem, auf Leuchtdichte kalibrierten, 1370 x 1020 Pixel großen CCD-Sensor aus. Es entsteht ein zweidimensionales Bild der OLED, wobei die pro Pixel einzeln erfassten Messwerte ortsaufgelöst und über die Helligkeit kodiert dargestellt werden [48].

Die in der OLED generierte Lichtausbeute ist nach Formel (3-5) eine errechnete Messgröße aus Lichtstrom und elektrischer Leistung. Der Lichtstrom wird im verwendeten Messaufbau in einer Ulbrichtkugel gemessen, welche mit dem Faser-Spektrometer CAS 140 von Instrument Systems verbunden ist. Die OLED-Bauteile werden in einer Spezialfassung in der Ulbrichtkugel positioniert und bei konstanter Stromdichte betrieben [47].

Die Ergebnisse dieser Messungen an OLED-Bauteilen mit respektive ohne Streuschichten sind für ausgewählte Glasstreuschichten in Abbildung 43 dargestellt.

5 Ergebnisse und Diskussion

Dieses Kapitel fasst die Ergebnisse der Spezialglassynthese zusammen und zeigt wesentliche Resultate in der Weiterverarbeitung der Gläser bis hin zur Glasstreuschichterzeugung.

Zu Beginn werden grundlegende Ergebnisse in der Entwicklung Bi_2O_3-haltiger Glasmatrices besprochen und diskutiert sowie durch alternative Spezialglassysteme und deren Eigenschaften ergänzt. Im Kapitel Pulvererzeugung wird im Detail über den Einfluss verschiedener Mahlmethoden auf die Korngröße sowie deren Verteilung und Kornform gesprochen. Diese Ergebnisse bilden die Grundlage für die Verglasungsversuche im Kapitel Herstellung der Glasschichten. Anhand zahlreicher Einflussfaktoren in der mikro- und makroskopischen Betrachtung der Glasschichten werden die für den OLED-Aufbau geeigneten Glasmatrixsysteme validiert. In den beiden darauffolgenden Kapiteln werden die Glasschichten sowie die Streuschichten bestehend aus Glasmatrix und TiO_2- respektive SiO_2-Streukörpern hinsichtlich ihrer Transmission und Streuwirkung untersucht. Abgeschlossen wird Kapitel 5 durch die optische Charakterisierung der Glasstreuschichten in der prozessierten OLED. Hierbei zeigt sich, inwieweit das Konzept der Streuschicht zur Verbesserung der Lichtauskopplung beiträgt.

5.1 Bi_2O_3-haltige Streuschichtmatrices

Auf die besondere Rolle von Bi_2O_3 als PbO-Substitut in bleifreien, niedrigschmelzenden und hochbrechenden Spezialglassystemen wurde bereits ausführlich in Kapitel 3.3.2.1 hingewiesen. Die Erkenntnisse aus diesen Literatur- und Patentrecherchen bilden zusammen mit begleitenden SciGlass-Simulationen die Grundlage für alle in diesem Kapitel dargestellten Ergebnisse über Bi_2O_3-haltige Streuschichtmatrices.

5.1.1 Simulationen im ternären Glassystem Bi_2O_3-B_2O_3-SiO_2 (B:BS)

Zur Findung einer Glaszusammensetzung im System Bi_2O_3-B_2O_3-SiO_2 (B:BS), mit der sich eine Streuschichtmatrix mit $T_g < 450$ °C und $n_d = 1{,}90 \pm 0{,}1$ (angepasst an ITO-Anode, Kapitel 3.3.1) realisieren lässt, wurden SciGlass-Simulationen durchgeführt. Detaillierte Studien [33; 141] über das Zusammenwirken der einzelnen Komponenten im System B:BS halfen bei der Formulierung der chemischen Zusammensetzung.

Aus der Literaturrecherche und ersten Simulationen ging das System $32Bi_2O_3$-$58B_2O_3$-$10SiO_2$ (mol-%) mit $T_g = 442$ °C und $n_d = 1{,}89$ hervor, welches den Ausgangspunkt der Schmelzarbeiten (LS 18/13, Kapitel 5.1.2.1) bildete. Der Wärmeausdehnungskoeffizient $\alpha_{20\text{-}300\,°C}$ konnte nicht im benötigten Temperaturbereich simuliert werden, weshalb diese Eigenschaft ausschließlich experimentell bestimmt wurde. Es sei nochmals darauf verwiesen, dass die erhaltenen Zahlenwerte aus den Simulationen gegenüber den experimentellen Messergebnissen durchaus Abweichungen aufweisen können, für die Abschätzung von Tendenzen jedoch sehr hilfreich sind.

In Abbildung 16 (a)-(c) ist der Einfluss der einzelnen Komponenten des B:BS-Systems auf die Transformationstemperatur T_g und den Brechungsindex n_d als Ergebnis einer SciGlass-Simulation dargestellt.

Es wurde jeweils eine Komponente des Systems in einem Bereich von 10-70 mol-%, in Schritten von 5 mol-%, variiert und die verbleibenden Gemengebestandteile im entsprechenden Verhältnis angepasst. Die festgelegten Grenzwerte aus Kapitel 3.3.1 sind für $T_g = 450$ °C als blaue Punktlinie und für $n_d = 1{,}90 \pm 0{,}1$ als grünes Feld dargestellt.

Bei einer Zunahme des SiO_2-Gehalts im System $32Bi_2O_3$-$58B_2O_3$-$10SiO_2$ (mol-%), Abbildung 16 (a), erhöht sich T_g merklich von 442 °C bei 10 mol-% SiO_2 auf $T_g = 525$ °C bei 70 mol-% SiO_2. Der Brechungsindex nimmt mit $n_d = 1{,}89$ bei 10 mol-% SiO_2 auf $n_d = 1{,}60$ bei 70 mol-% SiO_2 deutlich ab. Somit ist unter Berücksichtigung der Grenzwerte eine Realisierung der geforderten T_g nur bei ≤ 20 mol-% SiO_2 im Gesamtsystem möglich.

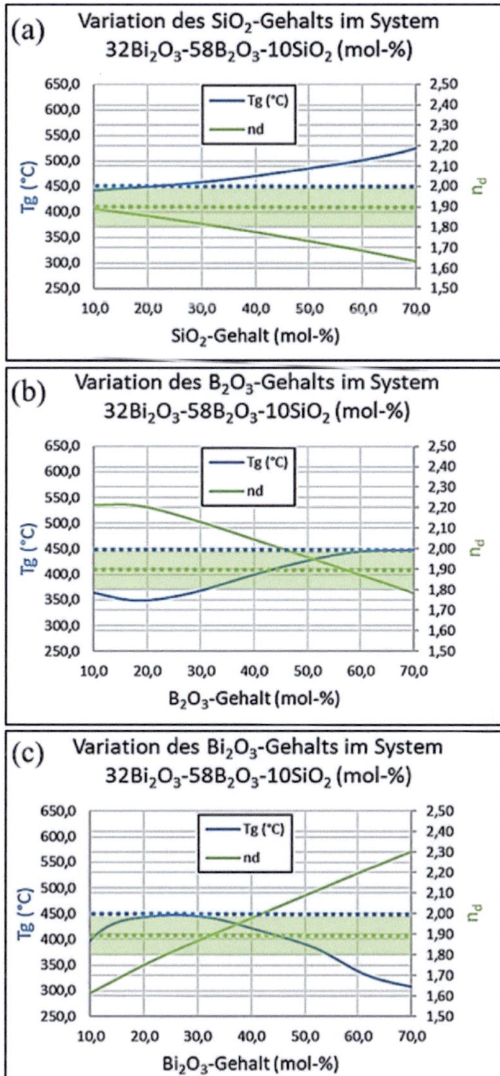

Abbildung 16: Simulierter Verlauf der Transformationstemperatur T_g (blaue Linie) und des Brechungsindex n_d (grüne Linie) im Glassystem $32Bi_2O_3$-$58B_2O_3$-$10SiO_2$ (mol-%) bei Variation des (a) SiO_2-Gehalts, (b) B_2O_3-Gehalts und (c) Bi_2O_3-Gehalts. Die festgelegten Grenzwerte sind für $T_g = 450$ °C als blaue Punktlinie und für $n_d = 1{,}90 \pm 0{,}1$ als grünes Feld abgebildet.

Laut Simulation zeigt die Erhöhung des Gehalts an B_2O_3 in Abbildung 16 (b) einen grundsätzlich ähnlichen Trend auf, wie es bereits bei der SiO_2-Variation zu sehen war, jedoch bei deutlich anderen Zahlenwerten. T_g liegt bei einer Konzentration von 10 mol-% B_2O_3 im Gesamtsystem bei 365 °C und erhöht sich auf 447 °C bei 70 mol-%. Der Brechungsindex n_d sinkt im Verlauf der B_2O_3-Erhöhung von $n_d = 2{,}20$ auf 1,80. Ferner wird ersichtlich, dass selbst B_2O_3-Konzen-trationen von 60-70 mol-% noch eine Transformationstemperatur im geforderten Bereich von $T_g < 450$ °C ermöglichen. Um jedoch den geforderten Brechungsindex zu erhalten, darf eine B_2O_3-Konzentration von 45 mol-% nicht unterschritten werden.

In Abbildung 16 (c) ist in Übereinstimmung mit der Literatur [42; 33; 124; 32] eine starke Erhöhung von n_d mit steigendem Bi_2O_3-Gehalt erkennbar. Rein simulativ betrachtet ist ein Brechungsindex von $n_d = 2{,}30$ bei 70 mol-% Bi_2O_3 möglich. Die Realisierbarkeit unter Berücksichtigung des Glasbildungsbereichs müsste jedoch im Labor überprüft werden. Bei Konzentrationen < 23 mol-% und > 42 mol-% Bi_2O_3 wird der geforderte Grenzwert von $n_d = 1{,}90 \pm 0{,}1$ unter- bzw. überschritten. Die Werte für T_g bleiben in der Simulation im gesamten Bereich unter der Schwelle von $T_g = 450$ °C.

Wird der Brechungsindex n_d, wie in Abbildung 17 dargestellt, in einem Gehaltsdreieck des Systems B:BS simuliert, ist die stetige Erhöhung des Brechungsindex mit steigendem Bi_2O_3-Gehalt ersichtlich. Zur Spitze des Gehaltsdreiecks erhöht sich fortlaufend der Gehalt an Bi_2O_3. Während bei sehr niedrigen Bi_2O_3-Konzentrationen von < 5 mol-%, n_d im Bereich von 1,50 liegt (grüne Linie), sind im B:BS-System bei ≥ 50 mol-% Bi_2O_3 bereits Brechungsindices von $n_d = 2{,}10$ zu erwarten (rosa Linie). Als Schnittpunkt der eingezeichneten schwarzen, roten und grünen Punktlinie ist der Brechungsindex $n_d = 1{,}89$ des Ausgangssystems $32Bi_2O_3$-$58B_2O_3$-$10SiO_2$ (mol-%) gekennzeichnet.

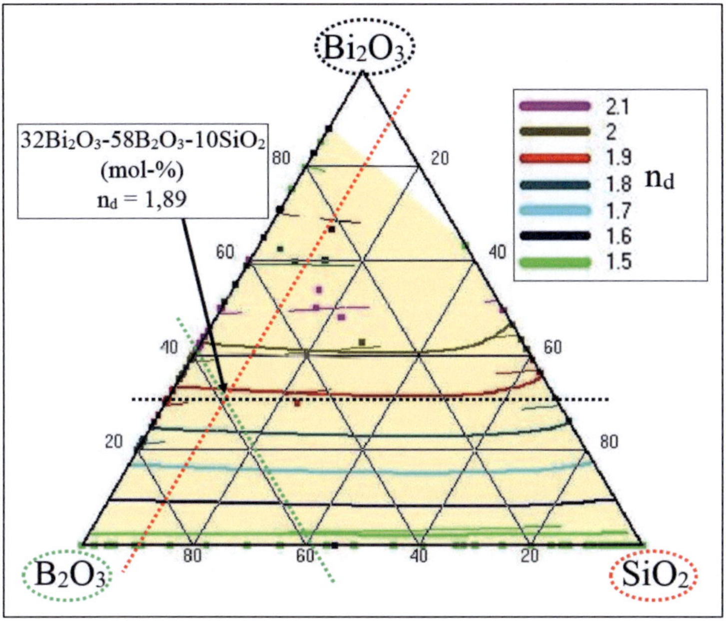

Abbildung 17: Simulation des Brechungsindex n_d im ternären Glassystem Bi_2O_3-B_2O_3-SiO_2, dargestellt als Gehaltsdreieck. Bunt dargestellte Linien sind von SciGlass errechnete Werte, eingepflegte Messergebnisse aus der SciGlass-Datenbank sind als Punkte gezeigt. Als Schnittpunkt der eingezeichneten schwarzen, roten und grünen Punktlinie ist der Brechungsindex $n_d = 1{,}89$ des Ausgangssystems $32Bi_2O_3$-$58B_2O_3$-$10SiO_2$ (mol-%) gekennzeichnet.

5.1.2 Spezialglasentwicklung aufbauend auf dem ternären Glassystem Bi_2O_3-B_2O_3-SiO_2 (B:BS)

Um den hohen Qualitätsanforderungen eines Glases für optische Anwendungen gerecht werden zu können, sind genaue Kenntnisse über mögliche Einflussfaktoren auf das jeweilige Glassystem unerlässlich. Dementsprechend wurde nach den Simulationen aus Kapitel 5.1.1 das erfolgversprechende ternäre System $32Bi_2O_3$-$58B_2O_3$-$10SiO_2$ (mol-%) nachgestellt und zahlreiche Parameter untersucht, die maßgeblich die Qualität des Glases beeinträchtigen (Kapitel 5.1.2.1).

Anhand der erschmolzenen Bi_2O_3-haltigen Glassysteme in Kapitel 5.1.2.1, welche alle auf dem ternären Grundglassystem B:BS aufbauen, werden die Auswahl der eingesetzten Oxide sowie zielführende Prozessparameter erläutert und diskutiert. Es wird im Folgenden ein Gesamtüberblick der Entwicklungsschritte vom ternären B:BS-System bis hin zur letztendlich eingesetzten OLED-Glasmatrix im System Bi_2O_3-B_2O_3-SiO_2-ZnO-SrO-BaO (B:BSZSB) gegeben.

Das Kapitel 5.1.2.2 beschäftigt sich gesondert mit den Eigenschaften der ausgewählten Oxide im B:BSZSB-System.

5.1.2.1 Einflussfaktoren auf das Grundglassystem Bi_2O_3-B_2O_3-SiO_2 (B:BS)[41]

Im Verlauf der Schmelzarbeiten wurden zweckmäßige Tiegelmaterialien, erfolgversprechende Gemengezusammensetzungen und geeignete Rohstoffe ausgewählt sowie die Schmelzbedingungen und die Gemengeaufbereitung optimiert. Abbildung 18 zeigt zusammenfassend maßgebliche Fortschritte in der Entwicklungsphase der OLED-Glasmatrix auf.

Das Glassystem Bi_2O_3-B_2O_3-SiO_2 (B:BS)

Ausgangspunkt der Schmelzarbeiten war das unter Kapitel 5.1.1 simulierte ternäre System $32Bi_2O_3$-$58B_2O_3$-$10SiO_2$ (mol-%), welches in einem Korund-Tiegel nachgeschmolzen wurde. Die erhaltene braun gefärbte Laborschmelze LS 18/13 ist in Abbildung 18, 1 (a) zu sehen und weist eine Transformationstemperatur $T_g = 453$ °C, einen Brechungsindex $n_d = 1{,}87$ sowie einen Wärmeausdehnungskoeffizienten $\alpha_{20\text{-}300\,°C} = 7{,}8 \cdot 10^{-6}\,K^{-1}$ auf. Die für LS 18/13 simulierten Werte von $T_g = 442$ °C und $n_d = 1{,}89$ stimmen somit zufriedenstellend mit den Messungen überein. T_g und n_d der LS 18/13 liegen im geforderten Bereich, der WAK muss jedoch an das Substratglas mit $\alpha_{20\text{-}300\,°C\,(Substrat)} = 9{,}0 \cdot 10^{-6}\,K^{-1}$ angepasst werden. Es wurden dem Grundglas im Folgenden weitere Additive beigefügt sowie die Gemengezusammensetzung überarbeitet, um die Entfärbung des Glases zu gewährleisten. Weitere

[41] Teilaspekte aus diesem Kapitel wurden in [90; 135] veröffentlicht.

Bestrebungen sind die Senkung der Transformationstemperatur T_g sowie die Verbesserung der Glasqualität hinsichtlich Schlieren und Blasen. Der Vergleich zwischen Simulation und Laborversuch zeigt, dass ein Glassystem, welches ausschließlich aus den drei Komponenten Bi_2O_3, B_2O_3 und SiO_2 besteht, nicht ausreicht, um alle unter Kapitel 3.3.1 definierten Glasmatrixeigenschaften zu erfüllen.

Das Glassystem Bi_2O_3-B_2O_3-SiO_2-Sb_2O_3-Na_2O (B:BSSN)

In Anlehnung an [13] wurde dem ursprünglichen Gemenge der braun gefärbten LS 18/13 (Abbildung 18, 1 (a)), bestehend aus Bismut(III)-oxid, kristalliner Borsäure und Quarzsand, 0,3 mol-% $NaSbO_3 \cdot nH_2O$ (Natrium Meta-Antimonat) sowie 1,4 mol-% $NaNO_3$ (Natriumnitrat) zugefügt und bei einer Temperatur von T = 1100 °C geschmolzen. Um die Einschmelzbarkeit zu verbessern, wurde bei der Berechnung des Gemenges für die LS 20/13 (Abbildung 18, 1 (b)) der Anteil an SiO_2 zugunsten von Sb_2O_3 und Na_2O herabgesetzt. Das Verhältnis von Bi_2O_3 zu B_2O_3 blieb im Vergleich zu LS 18/13 unverändert. Durch diese Modifikation konnte bei gleicher Einschmelztemperatur eine Entfärbung von braun nach gelb sowie eine Verbesserung der Glasqualität hinsichtlich der Schlieren erreicht werden. Der Vergleich der LS 18/13 und LS 20/13 verdeutlicht die Wirksamkeit des Läuter-/Entfärbemittels. Messungen an der LS 20/13 ergaben eine Transformationstemperatur von $T_g = 448$ °C, einen Brechungsindex $n_d = 1,86$ sowie einen WAK von $\alpha_{20\text{-}300\,°C} = 8,2 \cdot 10^{-6}\,K^{-1}$. Die Forderung nach einem farblosen Glas (Kapitel 3.3.1) konnte mit LS 20/13 nicht erfüllt werden.

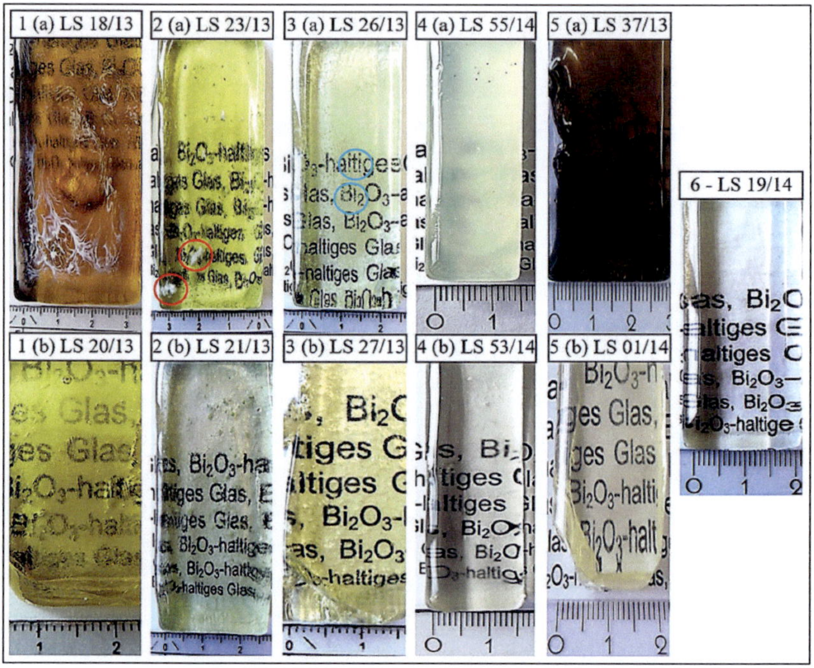

Abbildung 18: Übersicht verschiedener Einflussfaktoren auf Laborschmelzen des Grundglassystems Bi_2O_3-B_2O_3-SiO_2[42]: 1 (a) und (b) Beeinflussung der Glasfärbung durch Zugabe geeigneter Läuter-/Entfärbemittel, 2 (a) kristalline Phasen[43] und (b) Vermeidung kristalliner Phasen durch geeignete Abänderung der Gemengezusammensetzung, 3 (a)[44] und (b) Verbesserung des Aufschmelzverhaltens durch mechanische und thermische Gemengevorbehandlung, 4 (a) und (b) Anpassung der Rohstoffkonzentration unter Berücksichtigung des Löslichkeitsvermögens (4 (a) entspricht 5 mol-% $Al(OH)_3$, 4 (b) entspricht 2,5 mol-% $Al(OH)_3$ im Gemenge), 5 (a) und (b) Einfluss der Einschmelztemperatur auf die Färbung des Bi_2O_3-haltigen Glases (5 (a) wurde bei T = 1100 °C, 5 (b) bei T = 900 °C erschmolzen). Glas 6 zeigt eine nahezu farblose Laborschmelze unter Berücksichtigung aller genannten Faktoren.

---

[42] Anhand der Schrift im Hintergrund wird die Transparenz der Gläser verdeutlicht.

[43] Rote Kreise markieren Bereiche mit kristallinem Willemit der Form Zn_2SiO_4.

[44] Blaue Kreise markieren Bereiche mit unaufgeschmolzenen Gemengebestandteilen.

Das Glassystem Bi_2O_3-B_2O_3-SiO_2-ZnO-Sb_2O_3-Na_2O (B:BSZSN)

In einem konsekutiven Schritt wurde die geläuterte LS 20/13 hinsichtlich ihrer hohen Einschmelztemperatur von T = 1100 °C modifiziert. Um die Einschmelzbarkeit des Gemenges zu verbessern, d.h. die Viskosität bei höheren Temperaturen zu erniedrigen, wurde das Glassystem der LS 20/13 mit Bezug auf [94; 129; 57] um ZnO ergänzt. Darüber hinaus wurde für die Versuchsreihe aus Tabelle 5 das Bi_2O_3:B_2O_3-Verhältnis von 1:1,8 (LS 20/13) auf 1:2,1 (LS 21/13) abgeändert, d.h. der B_2O_3-Anteil erhöht. Für die Versuchsreihe wurde ferner der ZnO-Gehalt, unter Berücksichtigung gleichbleibender Verhältnisse aller beteiligten Oxide, zwischen 10,3 und 40,3 mol-% variiert. Die neu formulierte Grundglasmatrix wird folgend mit B:BSZ#1 gekennzeichnet.

LS 21/13 in der Form 26Bi_2O_3-55B_2O_3-7SiO_2-10,3ZnO-0,3Sb_2O_3-1,4Na_2O (mol-%) (Abbildung 18, 2 (b)) konnte bereits bei T = 900 °C erschmolzen werden. Die Messergebnisse der erhaltenen Kompaktgläser sind in Tabelle 5 zusammengefasst.

In Übereinstimmung mit [94; 129; 57] ist aus Tabelle 5 neben der niedrigeren Einschmelztemperatur auch eine Verringerung des WAK $\alpha_{20\text{-}300\,°C}$ zu erkennen. Die in [94] beschriebene Erhöhung der Lichtbrechung konnte hingegen nicht bestätigt werden. Die Transformationstemperatur T_g nimmt in diesem System mit steigendem ZnO-Gehalt ab.

Tabelle 5: Thermische und optische Eigenschaften des Glassystems Bi_2O_3-B_2O_3-SiO_2-ZnO-Sb_2O_3-Na_2O in Abhängigkeit von der ZnO-Konzentration im Gemenge.

Glas	Einschmelz-temperatur (°C)	ZnO-Gehalt (mol-%)	T_g (°C)	$\alpha_{20\text{-}300\,°C}$ (10^{-6} K^{-1})	n_d
LS 21/13	900	10,3	459	8,0	1,92
LS 22/13	900	20,3	460	7,4	1,84
LS 23/13	1000	30,3	455	7,6	1,86
LS 24/13	1000	40,3	448	7,6	1,86

Störend wirkte sich hingegen die Ausbildung einer zweiten Phase in der Schmelze respektive im erhaltenen Kompaktglas bei ZnO-Konzentrationen ≥ 20,3 mol-% aus. Zu erkennen sind diese Phasen, wie am Beispiel der

LS 23/13 in Abbildung 18, 2 (a) dargestellt, in Form von weißen Ansammlungen im Volumen bzw. an der Oberfläche des Glases (rote Markierungen). Diese wurden bereits vorher an einem läutermittelfreien Glas der Zusammensetzung $25Bi_2O_3$-$10B_2O_3$-$20SiO_2$-$45ZnO$ (mol-%) gefunden und mittels µ-Röntgenfluoreszenzanalyse (µ-RFA) analysiert. Das Ergebnis dieser Analyse ist in Abbildung 19 anhand eines Elementvergleichs zwischen der Glasmatrix (rote Kurve) und einer weißen Ausscheidung (blaue Kurve) dargestellt. Markante Silizium- und Zinklinien weisen auf eine verstärkte Ansammlung dieser beiden Elemente im Bereich der weißen Ausscheidungen hin.

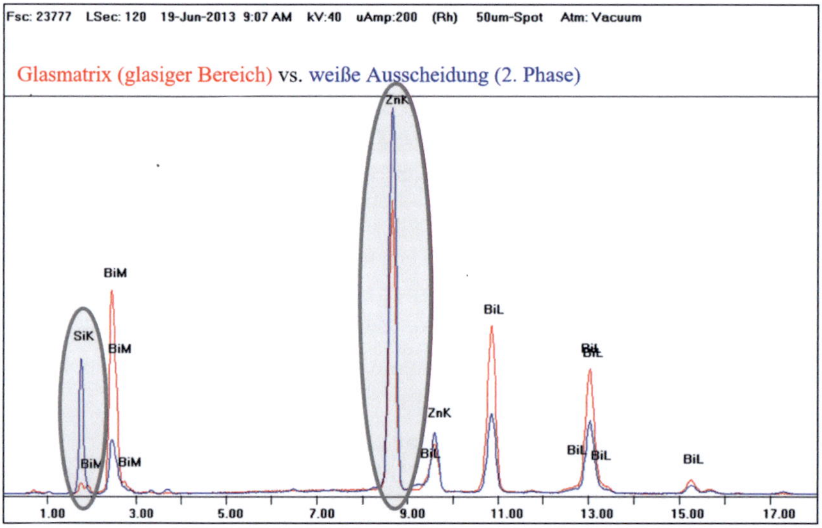

Abbildung 19: Elementvergleich zwischen der Glasmatrix mit der Zusammensetzung $25Bi_2O_3$-$10B_2O_3$-$20SiO_2$-$45ZnO$ (mol-%) (rote Kurve) und einer weißen Ausscheidung (blaue Kurve) mittels µ-Röntgenfluoreszenzanalyse (µ-RFA). Grau hinterlegt sind die Hauptbestandteile Zn/Si der 2. Phase.

Das Glassystem Bi_2O_3-B_2O_3-SiO_2-ZnO (B:BSZ)

Der Einfluss einer mechanischen sowie thermischen Vorbehandlung des Gemenges ist in Abbildung 18, 3 (a) und (b) dargestellt. LS 26/13 des Systems B:BSZ#1 weist bei der makroskopischen Betrachtung sichtbare Bereiche mit unaufgeschmolzenen Gemengebestandteilen auf. Dies ist an der grobkörnigen

Struktur des Glases im Bereich der blauen Markierungen in Abbildung 18, 3 (a) erkennbar. Wurde hingegen, wie bei LS 27/13 in Abbildung 18, 3 (b) geschehen, das Gemenge für 10 min in einer Mörsermühle gemahlen, mit im Vergleich zu Quarzsand ($d_{99} = 400$ µm) feinkörnigerem Quarzmehl ($d_{99} = 200$ µm) versetzt und für 2 h bei T = 150 °C getrocknet, konnte eine homogene Auflösung des Gemenges beim Schmelzen erreicht werden. Partikel in Form von unaufgeschmolzenen Gemengebestandteilen würden in der späteren Streuschichtmatrix als undefinierte Streukörper die optischen Eigenschaften der Glasmatrix beeinflussen. Für alle nachfolgenden Schmelzen wurde der grobe Quarzsand durch feineres Quarzmehl ersetzt.

LS 27/13 in Abbildung 18, 3 (b) ist als eine weitere Entwicklungsstufe anzusehen, welche auf dem System der LS 21/13-LS 24/13 (Tabelle 5) aufbaut. Der Unterschied besteht neben der Gemengevorbehandlung darin, dass das bisher verwendete Läuter-/Entfärbemittel ($NaSbO_3 \cdot nH_2O$ und $NaNO_3$) durch eine Kombination aus $Zn(NO_3)_2 \cdot 4H_2O$ (Zinknitrat-Tetrahydrat) und ZnO (Zinkoxid) im Verhältnis 50:50 ersetzt wurde. Das Resultat der genannten Modifikationen ist LS 27/13 (Abbildung 18, 3 (b)), welche frei von Einschlüssen ist, eine schwache Gelbfärbung aufzeigt und gegenüber den bisher erschmolzenen Gläsern frei von Schlieren und Blasen ist. Mit $T_g = 460$ °C, $n_d = 1{,}94$, $\alpha_{20\text{-}300\,°C} = 7{,}5 \cdot 10^{-6}\ K^{-1}$ sowie einer Einschmelztemperatur von 900 °C ist LS 27/13 mit LS 22/13 vergleichbar. Es bleibt festzuhalten, dass auch dieses Glassystem nicht den geforderten Wärmeausdehnungskoeffizienten besitzt, um spannungsfrei auf ein Kalk-Natron-Silicatglas ($\alpha_{20\text{-}300\,°C} = 9{,}0 \cdot 10^{-6}\ K^{-1}$) aufgeschmolzen werden zu können.

Die Glassysteme Bi_2O_3-B_2O_3-SiO_2-ZnO-Li_2O (B:BSZL) und Bi_2O_3-B_2O_3-SiO_2-ZnO-Li_2O-Al_2O_3 (B:BSZLA)

Die Forderung nach einer Glasmatrix mit einem an die ITO-Anode ($n_d = 1{,}90$) angepassten Brechungsindex konnte mit den bisher besprochenen Glassystemen erfüllt werden. Hinsichtlich der T_g-Senkung besteht bei den bisher beschriebenen Glassystemen noch Verbesserungsbedarf. Gleiches gilt für die Anpassung des WAK, welcher im Vergleich zu den bisher besprochenen Gläsern um mindestens $1{,}0 \cdot 10^{-6}\ K^{-1}$ erhöht werden muss. Durch eine Beimengung von Li_2O (Dilithiumoxid) in Form von Li_2CO_3 (Lithiumcarbonat) konnten diese Glasmatrixeigenschaften erfolgreich realisiert werden. In Tabelle 6 sind die thermischen und optischen Eigenschaften einer Li_2O-haltigen Laborschmelze mit der Zusammensetzung 19,5Bi_2O_3-41,5B_2O_3-5SiO_2-19ZnO-15Li_2O (mol-%) (LS 28/13) dargestellt. Verglichen mit der LS 27/13 aus dem B:BSZ#1-System blieb das Verhältnis von Bi_2O_3/B_2O_3 sowie Bi_2O_3/SiO_2 unverändert. Die Zugabe von 15 mol-% Li_2O wurde durch die Reduzierung des ZnO-Gehalts kompensiert. Diese Modifikation der Grundmatrix wird folgend mit B:BSZ#2 gekennzeichnet. Ferner wurde das Kompaktglas LS 30/13 mit einer gegenüber LS 28/13 um 2 mol-% erhöhten Konzentration an Li_2O erschmolzen. Die LS 53/14 (Abbildung 18, 4 (b)) baut auf LS 30/13 auf und wurde um 2,5 mol-% Al_2O_3 (als $Al(OH)_3$) ergänzt. Die Messergebnisse zu diesen Gläsern sind ebenfalls in Tabelle 6 zu finden. Eine Beimengung von 5 mol-% Al_2O_3 als niedrig aufschmelzendes $Al(OH)_3$ konnte hingegen auch bei höheren Einschmelztemperaturen nicht bewerkstelligt werden. Dies ist an der opaken Erscheinungsform der LS 55/14 in Abbildung 18, 4 (a) zu erkennen.

Tabelle 6: Thermische und optische Eigenschaften ausgewählter Laborschmelzen aus den Systemen Bi_2O_3-B_2O_3-SiO_2-ZnO-Li_2O (LS 28/13 und LS 30/13) sowie Bi_2O_3-B_2O_3-SiO_2-ZnO-Li_2O-Al_2O_3 (LS 53/14).

Glas	Glassystem	T_g (°C)	$\alpha_{20\text{-}300\,°C}$ (10^{-6} K^{-1})	n_d
LS 28/13	B:BSZ#2 + 15 mol-% Li_2O	403	9,3	1,89
LS 30/13	B:BSZ#2 + 17 mol-% Li_2O	392	9,9	1,83
LS 53/14	LS 30/13 + 2,5 mol-% Al_2O_3	394	9,6	1,90

Die Li_2O-haltigen Schmelzen des B:BSZ#2-Systems weisen im Vergleich zu allen bisher beschriebenen Schmelzen des Grundglassystems B:BS mit $T_g = 403$ °C (LS 28/13), $T_g = 394$ °C (LS 53/14) respektive $T_g = 392$ °C (LS 30/13) markant niedrigere Transformationstemperaturen auf. Ferner konnte der WAK mit $\alpha_{20\text{-}300\,°C} \geq 9{,}3 \cdot 10^{-6}$ K^{-1} sehr deutlich erhöht werden. Der Brechungsindex n_d bewegt sich auch bei diesen Schmelzen im geforderten Bereich von $n_d = 1{,}90 \pm 0{,}10$.

Abbildung 20 zeigt die Notwendigkeit auf, die Li_2O-haltige Glasschmelze LS 28/13 zusätzlich mit Al_2O_3 (LS 53/14) zu versetzen. Der Sinterverlauf des Pulverpresslings der LS 28/13 weist bei T = 590 °C ein starkes Aufblähen um das 1,3-Fache der Ausgangshöhe auf. Im Vergleich dazu ist zu keinem Zeitpunkt in der Aufheizphase der LS 53/14 ein irreguläres Sinterverhalten zu beobachten.

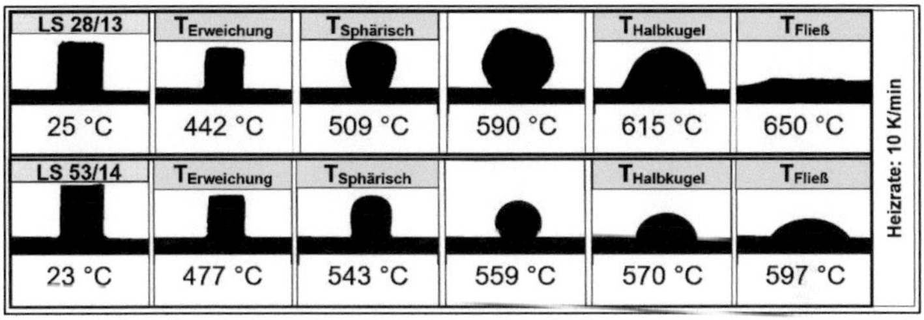

Abbildung 20: Vergleich zweier erhitzungsmikroskopischer Messungen, aufgenommen an Pulverpresslingen (Höhe = 3,0 mm, Ø = 3,0 mm) der Glassysteme Bi_2O_3-B_2O_3-SiO_2-ZnO-Li_2O (LS 28/13) sowie Bi_2O_3-B_2O_3-SiO_2-ZnO-Li_2O-Al_2O_3 (LS 53/14) bei einer kontinuierlichen Heizrate von 10 K/min von Raumtemperatur bis zur Fließtemperatur. LS 28/13 zeigt bei einer Temperatur von T = 590 °C ein starkes Aufblähen des Probekörpers auf. Die Zugabe von 2,5 mol-% Al_2O_3 im Falle der LS 53/14 verhindert das Aufblähen der Probe und zeigt ein wünschenswertes Sinterverhalten.

Der direkte Vergleich beider Glaspulverpresslinge gleicher Partikelgröße (Abbildung 20) zeigt außerdem, dass LS 28/13 um 35 °C früher erweicht, das Fließen dieser Glasschmelze jedoch ab dem Aufblähprozess erst deutlich verzögert beginnt. Die mit Al_2O_3 versetzte LS 53/14 fließt bei gleicher Heizrate bereits 53 °C früher als LS 28/13 (Abbildung 20, $T_{Fließ}$).

Um Vorgänge beim Sintern beider Glaspulver genauer qualifizieren zu können, wurde eine Differenzthermoanalyse bei einer Heizrate von 5 K/min von Raumtemperatur bis 950 °C durchgeführt. Die beim Sintern der Glaspulver stattfindenden Reaktionen sind am Kurvenverlauf in Abbildung 21 erkennbar.

Deutlich sichtbar ist bei beiden Proben ein endothermer Reaktionspeak (Onset bei 394 °C (LS 53/14) respektive 403 °C (LS 28/13)). Im Verlauf der grünen Kurve (LS 28/13) ist bei T_{K1} = 600 °C ein exothermer sowie bei T_{K2} = 696 °C ein weiterer endothermer Peak zu erkennen. Deutlich schwächer ausgeprägt ist hingegen der exotherme Peak bei T_{K1} = 616 °C im Verlauf der blauen Kurve von LS 53/14. Eine nachfolgende endotherme Reaktion bleibt bei dieser Glaszusammensetzung aus.

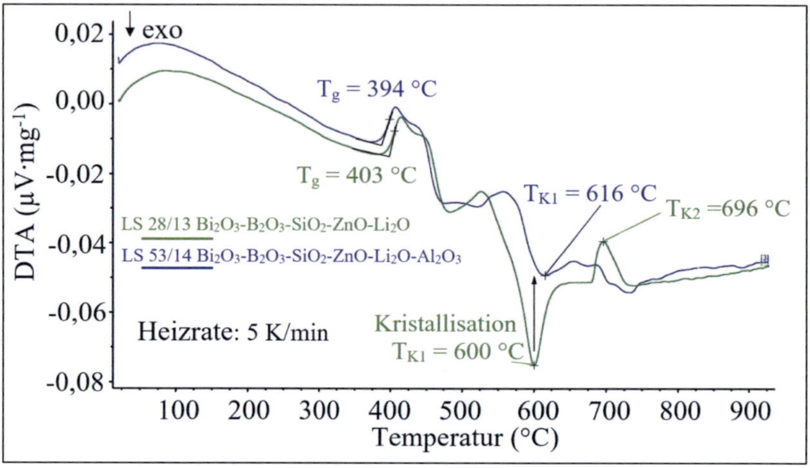

Abbildung 21: Differenzthermoanalyse an zwei Glasproben der Systeme Bi_2O_3-B_2O_3-SiO_2-ZnO-Li_2O (LS 28/13) sowie Bi_2O_3-B_2O_3-SiO_2-ZnO-Li_2O-Al_2O_3 (LS 53/14). Bei einer kontinuierlichen Heizrate von 5 K/min von Raumtemperatur bis T = 950 °C ist die deutliche Kristallisation des B:BSZ-Systems durch die Zugabe von Li_2O bei der Temperatur T_{K1} = 600 °C zu erkennen (grüne Kurve). Der deutlich schwächer ausgeprägte Peak bei T_{K1} = 616 °C (blaue Kurve) veranschaulicht die kristallisationshemmende Wirkung von Al_2O_3 im System B:BSZL. T_{K2} = 696 °C (grüne Kurve) deutet auf eine polymorphe[45] Umwandlung der Kristallite hin.

Aufgrund des wünschenswerten Sinterverhaltens sowie der guten Übereinstimmung der thermischen und optischen Messergebnisse mit den geforderten Glasmatrixeigenschaften wurde die in Tabelle 6 hervorgehobene LS 53/14 für weiterführende manuelle Rakelversuche ausgewählt. Die Ergebnisse hierzu sind in Kapitel 5.4.3 zu finden.

[45] Polymorphie ist die Fähigkeit einer chemischen Substanz, verschiedene Strukturen bilden zu können.

Das Glassystem Bi_2O_3-B_2O_3-SiO_2-ZnO-SrO-BaO (B:BSZSB)

Der bereits in Kapitel 3.3.2.1 ausführlich besprochene Einfluss der Einschmelztemperatur auf die Färbung Bi_2O_3-haltiger Glassysteme ist in Abbildung 18, 5 (a) und (b) anhand des erschmolzenen Glassystems B:BSZSB dargestellt. Am intensiven Umschlag der Färbung von hellgelb (5 (b)) zu dunkelbraun (5 (a)) bei einer Erhöhung der Einschmelztemperatur von T = 900 °C auf 1100 °C wird dieses Phänomen ersichtlich.

Ebenfalls aus dem Glassystem B:BSZSB stammt die unter Abbildung 18, 6 dargestellte LS 19/14. Dieses nahezu farblose und hochtransparente Glas mit auffallendem Glanz wurde unter Berücksichtigung aller in diesem Kapitel genannter Einflussfaktoren und mit optimierten Parametern erschmolzen. Aufgrund der Wichtigkeit dieses Glassystems hinsichtlich des Einsatzes als Streuschichtmatrix in OLEDs werden diese Gläser und ihre hervorstechenden Merkmale in Kapitel 5.1.2.2 gesondert behandelt.

Diskussion

Die Braunfärbung der LS 18/13 und LS 37/13 entsteht durch eine thermische Reduktion des Bi_2O_3 (Kapitel 3.3.2.1), die durch folgendes chemische Gleichgewicht [101; 141] beschrieben wird:

$$2\,Bi_2O_3 \underset{-\Delta T}{\overset{+\Delta T}{\rightleftarrows}} 4\,Bi + 3O_2\uparrow \qquad (5\text{-}1)$$

In Reaktionsgleichung (5-1) verschiebt sich das Gleichgewicht bei Temperaturerhöhung immer stärker nach rechts in Richtung der reduzierten Form des Bi_2O_3. Die reduzierten Stufen des Bi^{3+}-Ions bis hin zu metallischen Nanopartikeln in Form von Bi^0 ($Bi^{3+}\leftrightarrow Bi^{2+}\leftrightarrow Bi^{+}\leftrightarrow Bi^0$ [117]) äußern sich in einer hellbraunen bis schwarzen Färbung.

Um das Gleichgewicht wieder auf die linke Seite der Reaktionsgleichung (5-1) verschieben zu können, d.h. eine Entfärbung des Glases zu bewirken, muss der Sauerstoffpartialdruck in der Schmelze erhöht werden. Dies geschieht, wie am Beispiel des Glassystems B:BS in Abbildung 18, 1 (a) und (b) dargestellt, durch die Zugabe von 0,3 mol-% $NaSbO_3{\cdot}nH_2O$ (Natrium

Meta-Antimonat) sowie 1,4 mol-% $NaNO_3$ (Natriumnitrat). Eingebrachte oxidierende Verbindungen, wie das verwendete Sb_2O_3 in Reaktionsgleichung (5-2), reagieren bei einer Einschmelztemperatur von T = 900 °C [118] wie folgt:

$$Sb_2O_3 + O_2 \rightarrow Sb_2O_5 \quad (5\text{-}2)$$

Der Vergleich zwischen dem Oxidations-Reduktions-Potential von Bi^{3+}/Bi^0 (0,308 V) und Sb^{5+}/Sb^{3+} (0,581 V) [141] zeigt, dass die Anwesenheit des stark oxidierenden Sb^{5+}-Ions die Reduktion des Bi^{3+}-Ions unterbindet.

Der Austausch von Natrium Meta-Antimonat und Natriumnitrat gegen Zinknitrat-Tetrahydrat und Zinkoxid im bereits beschriebenen B:BSZ-System ist ein weiteres Beispiel oxidativer Nitratläuterung. Auch [51] und [117] erklären die entfärbende Wirkung von Nitraten (Oxidations-Reduktions-Potential von NO_3^-/NO (0,960 V)) in Bi_2O_3-haltigen Systemen durch die Erhöhung des Sauerstoffpartialdrucks während der thermischen Dissoziation nach Reaktionsgleichung (5-3) [129]:

$$4NaNO_3 \rightarrow 2Na_2O + 4NO\uparrow + 3O_2\uparrow \quad (5\text{-}3)$$

Die im System B:BSZSN beschriebene Verbesserung der Einschmelztemperatur durch Konzentrationserhöhung von B_2O_3 kann wie folgt erklärt werden. Aus Tabelle 13 im Anhang ist zu entnehmen, dass als B_2O_3-Rohstoff ein kristallwasserhaltiger Boroxidträger der Form $B_2O_3{\cdot}3H_2O$ (= H_3BO_3) eingesetzt wurde. Unter Wasserabgabe wandelt sich die Orthoborsäure beim Erhitzen auf 130 °C in einer zweistufigen Reaktion (Reaktionsgleichung (5-4)) [57] in Metaborsäure und bei 170 °C in glasiges wasserfreies B_2O_3 um.

$$2\,H_3BO_3 \xrightarrow{-2H_2O} 2\,HBO_2 \xrightarrow{-H_2O} B_2O_3 \quad (5\text{-}4)$$

Das nach Reaktionsgleichung (5-4) freiwerdende Wasser wirkt sich positiv auf die Einschmelzbarkeit aus, da bedingt durch die niedrige Schmelzanfangstemperatur die Reaktionen anderer Komponenten im Gemenge zu einem früheren Zeitpunkt begünstigt werden [57]. Die Borsäure ist somit eine Schmelzhilfe im Gemenge. Verglichen mit der Einschmelztemperatur der

LS 20/13 von T = 1100 °C, zeigt sich gerade bei der abgeänderten Grundglasmatrix B:BSZ#1 (LS 21/13 und LS 22/13 in Tabelle 5) eine deutliche Verringerung der Einschmelztemperatur um 200 °C.

Abhängig vom Glassystem kann ZnO sowohl als Netzwerkbildner als auch als Netzwerkwandler wirken. Im Falle des beschriebenen Systems B:BSZSN wirkt ZnO als Netzwerkwandler, da mit steigender Konzentration an ZnO die Transformationstemperatur von T_g = 459 °C (10,3 mol-%) auf T_g = 448 °C (40,3 mol-%) abnimmt, was für einen Einbau von ZnO ins Glasgerüst bei gleichzeitiger Auftrennung vorhandener Bindungen spricht. Um die Einschmelzbarkeit des Gemenges positiv zu beeinflussen, sollte die ZnO-Konzentration in diesem System eine Größenordnung von 20,3 mol-% nicht überschreiten (Tabelle 5). ZnO weist eine sehr hohe Schmelztemperatur von T_s = 1975 °C auf, weswegen die Einschmelztemperatur mit steigender Konzentration zwangsläufig ansteigt.

Die Analyse der weißen Ausscheidungen im Glassystem B:BSZ (Abbildung 19), welche auf die LS 23/13 in Abbildung 18, 2 (a) übertragbar ist, zeigten mittels µ-Röntgenfluoreszenzanalyse (µ-RFA) eine Phase auf, die hauptsächlich aus ZnO und SiO_2 besteht. Der kristalline Charakter der gebildeten Phase konnte bei weiterführenden Untersuchungen mittels Röntgendiffraktometrie (XRD) detektiert werden. Im vorliegenden Beispiel handelt es sich um das kristalline Willemit der Form Zn_2SiO_4, welches u.a. von [23] ebenfalls im quaternären System B:BSZ gefunden wurde. Diesem Phänomen wurde durch Abänderung des Verhältnisses zwischen SiO_2 und ZnO sowie der Verringerung der Konzentration an ZnO im Gemenge der LS 21/13 entgegengewirkt (Abbildung 18, 2 (b)). Eine Erhöhung der Einschmelztemperatur war hingegen nicht zielführend.

Die markante Senkung der Transformationstemperatur T_g bei gleichzeitig starker Erhöhung des WAK mit steigender Li_2O-Konzentration im System Bi_2O_3-B_2O_3-SiO_2-ZnO-Li_2O ist bedingt durch den hohen Polarisationseffekt des Li^+-Ions. Unter den Alkalimetallen erhöht sich der Polarisationseffekt in der Reihe $K^+ < Na^+ < Li^+$. Die Bindungen im Glasnetzwerk, welche wie im vorliegenden System primär aus B-O und Si-O bestehen, werden durch die Einbringung von Li^+-Ionen geschwächt. Dies geschieht durch die Ladungsverschiebung der B-O- und Si-O-Bindungen in Richtung des Li^+-Ions. In [74] wird die Deformation der Elektronenwolke der B-O- und Si-O-Bindungen durch den hohen Polarisationseffekt als Grund für die Schwächung des Glasnetzwerkes angesehen. Durch den Einbau von Lithium in das Glasnetzwerk findet folglich eine Auflockerung des Verbundes statt. Die dreidimensionale Vernetzung wird durch die Schaffung von Trennstellensauerstoffen, wie in Abbildung 7 (a) zu sehen ist, gestört.

Durch die Schwächung der Bindungen und die Auflockerung des Netzwerks wird folglich eine starke Viskositätserniedrigung der Schmelze im Hochtemperaturbereich erreicht, was wiederum die Kristallisationsneigung des Glases fördert. Dieser Einfluss von Li_2O wird in der DTA-Messung in Abbildung 21 durch das Auftreten eines exothermen Kristallisationspeaks bei T_{K1} = 600 °C deutlich. Das Abknicken der grünen DTA-Kurve deutet auf den Beginn des Kristallwachstums bei T > 525 °C hin. Das Maximum der Kristallisationsgeschwindigkeit ist bei T_{K1} = 600 °C erreicht. Der mit T_{K2} gekennzeichnete endotherme Peak bei 696 °C kennzeichnet den Temperaturbereich, in welchem sich die kristalline Phase polymorph umwandelt [106]. Der Onset der endothermen Reaktionspeaks bei 394 °C (LS 53/14) respektive 403 °C (LS 28/13) in Abbildung 21 stellt die Transformationstemperatur T_g der beiden Glassysteme dar. In Übereinstimmung mit der Strukturhypothese, welche in Abbildung 7 (b) anhand einer Reaktionsgleichung dargestellt ist, schließt das Zwischenoxid Al_2O_3 bereits bei einer Konzentration von 2,5 mol-% die Trennstellen, welche durch die Einbringung von Li_2O verursacht wurden. Das Resultat ist eine Verfestigung des Glasnetzwerks und in der Folge eine Senkung der Kristallisationsneigung. Der markant abgeschwächte Kristallisationspeak der Al_2O_3-haltigen Probe LS 53/14 im DTA-Signal bei 616 °C (Abbildung 21) zeigt eindeutig die kristallisationsinhibierende Eigenschaft von Al_2O_3 auf. Dass trotz einer Al_2O_3-Beimengung die Transformationstemperatur der LS 53/14 unter jener der LS 28/13 liegt, begründet sich im höheren Gehalt von Li_2O im Gemenge der LS 53/14.

Ergänzend zu den Ergebnissen aus der DTA-Analyse zeigt das irreguläre Sinterverhalten der LS 28/13 im Erhitzungsmikroskop eine Überlagerung der Kristallisation durch starke Blasenbildung. Das Aufblähen des Pulverpresslings bei T = 590 °C ist auf die Bildung von Blasen beim Aufschmelzen zurückzuführen. Dabei sind zwei Formen zu unterscheiden. Zum einen diffundieren Gase an die Oberfläche, welche in den Zwickeln des Pulvers eingeschlossen waren. Diese unterschiedlich dimensionierten Gaseinschlüsse formieren sich zu größeren Blasen, um dadurch leichter an die Oberfläche zu gelangen. Zum anderen gelingt es nur selten, beim ersten Schmelzprozess alle Gemengegase aus der entstehenden Schmelze auszutreiben. Eine Folge hieraus ist das Auftreten von Blasen aus einer scheinbar blasenfreien Schmelze beim erneuten Aufschmelzen des Glases. Dieser Effekt wird als Nachgasen *(engl. reboil)* bezeichnet [50]. Die während der erhitzungsmikroskopischen Messung stattfindende Kristallisation ist aufgrund der geringen Kristallitgröße nicht im Schattenbild zu erkennen. Vielmehr zeigte sich nach Beendigung der Messung, beim Abbruchkriterium des Fließens, wegen der Kristallisation eine starke Trübung der Probe.

5.1.2.2 Das Glassystem Bi_2O_3-B_2O_3-SiO_2-ZnO-SrO-BaO (B:BSZSB)

Auf der Basis der erfolgsversprechenden LS 53/14 aus dem System Bi_2O_3-B_2O_3-SiO_2-ZnO-Li_2O-Al_2O_3 wurde eine alternative Glasmatrix gesucht, welche frei von Li_2O, d.h. stabiler gegen Entglasung ist.

Simulationen im quaternären System Bi_2O_3-B_2O_3-SiO_2-ZnO (B:BSZ)

Die nachfolgenden Resultate aus der SciGlass-Simulation zeigen im quaternären B:BSZ-System den Einfluss zahlreicher Oxide auf die Transformationstemperatur T_g (Abbildung 22, oben) sowie den Brechungsindex n_d (Abbildung 22, unten) bei einer Konzentrationserhöhung in Schritten von 2,5 mol-%. Das simulierte B:BSZ-System stellt das Grundsystem der LS 53/14 ohne Li_2O und Al_2O_3 dar. Um eine Vergleichbarkeit zum Li_2O-haltigen Glassystem zu erhalten, wurde dieses Oxid ebenfalls simuliert.

Aus der Vielzahl simulierter Oxide wirkt sich Li_2O (türkise Kurve mit Kreuzen) am stärksten auf die Senkung der Transformationstemperatur T_g aus (Abbildung 22, oben). Daneben haben auch die Oxide BaO (rote Kurve mit Quadraten), SrO (dunkelblaue Kurve mit Quadraten) sowie TeO_2 (hellblaue Kurve mit Kreuzen) bei Konzentrationen ≥ 15 mol-% einen senkenden Einfluss auf T_g. Alle weiteren Oxide haben keinen Einfluss auf T_g bzw. wirken erhöhend.

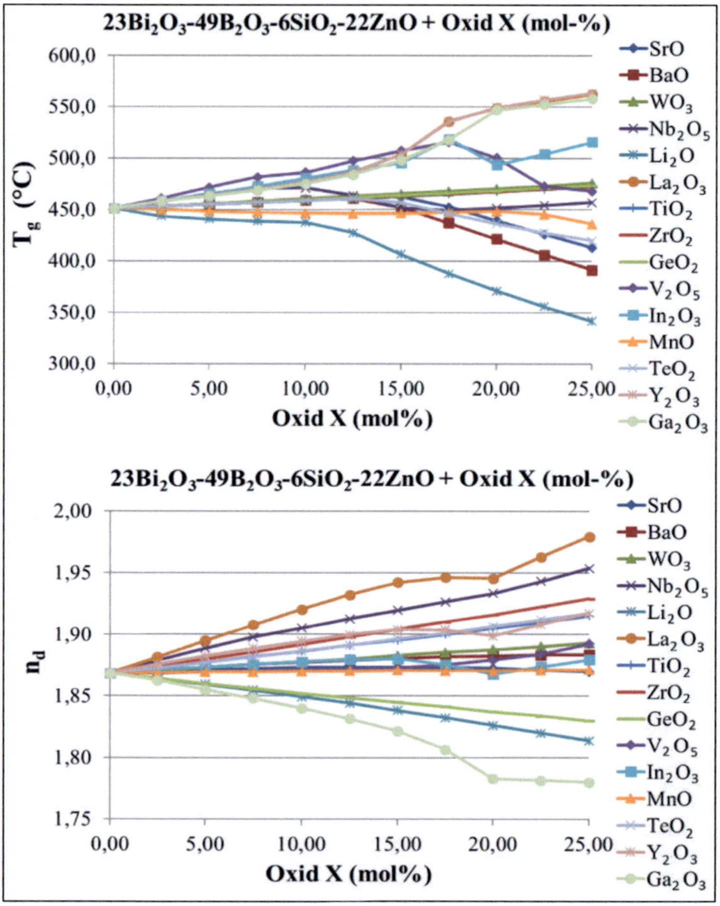

Abbildung 22: Simulierter Einfluss zahlreicher Oxide auf die Transformationstemperatur T_g (oben) sowie den Brechungsindex n_d (unten) im System $23Bi_2O_3$-$49B_2O_3$-$6SiO_2$-$22ZnO$ (mol-%).

Aus den Simulationen bzgl. n_d (Abbildung 22, unten) hat die Einführung von GeO_2 (hellgrüne Kurve), Li_2O (türkise Kurve mit Kreuzen) oder Ga_2O_3 (blassgrüne Kurve mit Punkten) eine Reduzierung der Brechzahl zur Folge.

SrO[46] wirkt sich nicht und BaO nur in leicht erhöhendem Maße auf n_d aus. Gerade Nb_2O_5 (lila Kurve mit Kreuzen) und La_2O_3 (orange Kurve mit Punkten) erhöhen unter allen aufgeführten Oxiden n_d am stärksten. Da sowohl SrO als auch BaO eine senkende Wirkung auf T_g haben und darüber hinaus den Brechungsindex nur unwesentlich beeinflussen (n_d der bisher beschriebenen Systeme bereits im geforderten Bereich), wurden diese Oxide im B:BSZ-System getestet.

In Abbildung 22 (oben) ist zu sehen, dass der senkende Einfluss auf T_g erst bei SrO-/BaO-Konzentrationen ≥ 15 mol-% auftritt. Vor der Zugabe von SrO und BaO wurde das bisherige B:BSZ#2-System auf eine niedrige Transformationstemperatur optimiert. Dazu wurde der Anteil an Bi_2O_3 unter Reduzierung des B_2O_3- und SiO_2-Anteiles erhöht. Das neu formulierte B:BSZ#3-System der Form $29Bi_2O_3$-$37B_2O_3$-$5SiO_2$-29ZnO (mol-%) diente als Grundlage aller weiteren Untersuchungen.

Laborschmelzen aus dem System Bi_2O_3-B_2O_3-SiO_2-ZnO-SrO-BaO (B:BSZSB)

Versuchsreihen im System B:BSZSB, wie sie in Tabelle 7 und Abbildung 24 dargestellt sind, führten zu der Erkenntnis, dass unter Einhaltung eines WAK < $10{,}0\cdot10^{-6}$ K^{-1} die Erdalkalioxide SrO und BaO eine Konzentration von 12 mol-% nicht überschreiten dürfen. In Tabelle 7 sind die Messergebnisse von T_g, $\alpha_{20\text{-}300\,°C}$ sowie n_d von ausgewählten Laborschmelzen aus dem System B:BSZSB zusammengefasst.

Generell sinkt die Transformationstemperatur T_g mit der Einführung von SrO und/oder BaO, was im Vergleich zur SrO-/BaO-freien LS 25/15 (Tabelle 7) deutlich wird. Die Messungen belegen eine T_g-Senkung von 19 °C im Falle einer Beimengung von 12 mol-% BaO (LS 34/13) sowie eine Verringerung um 9 °C durch Zugabe von 12 mol-% SrO (LS 16/15). Analog dazu verhalten sich Mischungen aus SrO und BaO, wie am Beispiel der LS 67/14, LS 35/13 und LS 57/14 zu sehen ist.

---

[46] Der Verlauf des Brechungsindex von SrO in Abbildung 22 (unten) wird von MnO (orange Kurve mit Dreiecken) überdeckt.

Tabelle 7: Messergebnisse zum Einfluss der Oxide SrO und BaO auf die thermischen und optischen Eigenschaften ausgewählter Laborschmelzen im Glassystem B:BSZ#3. Die hervorgehobenen Laborschmelzen wurden für weiterführende manuelle Rakelversuche verwendet.

Glas	Glassystem (mol-%)	T_g (°C)	$\alpha_{20\text{-}300\,°C}$ (10^{-6} K^{-1})	n_d
LS 25/15	$29Bi_2O_3$-$37B_2O_3$-$5SiO_2$-29ZnO (B:BSZ#3)	426	8,3	1,95
LS 16/15	B:BSZ#3 + 12SrO	417	9,4	2,04
LS 34/13	B:BSZ#3 + 12BaO	407	9,5	2,01
LS 67/14	B:BSZ#3 + 6SrO + 6BaO	415	9,6	1,98
LS 35/13	B:BSZ#3 + 4SrO + 8BaO	408	9,5	2,00
LS 57/14	B:BSZ#3 + 8SrO + 4BaO	419	9,5	2,00

Während die Additive SrO und BaO laut Analyse keine signifikanten Auswirkungen auf n_d haben, zeichnet sich ein deutlicher Anstieg des WAK ab. Dieser erhöht sich verglichen mit LS 25/15 ($\alpha_{20\text{-}300\,°C} = 8{,}3 \cdot 10^{-6}\ K^{-1}$) um mehr als $1 \cdot 10^{-6}\ K^{-1}$.

Gerade durch das Erreichen einer im Vergleich zu LS 25/15 niedrigeren Transformationstemperatur erscheinen diese Laborschmelzen als besonders vielversprechend. Für weiterführende manuelle Rakelversuche wurden deshalb die in Tabelle 7 hervorgehobenen LS 34/13, LS 35/13 und LS 67/14 ausgewählt. Die Ergebnisse hierzu sind in Tabelle 11 zusammengefasst.

Die Rolle von Bi_2O_3, B_2O_3, SiO_2 und ZnO im Glassystem B:BSZSB

Aufgrund der Wichtigkeit des Systems B:BSZSB im späteren Einsatz als OLED-Streuschichtmatrix wurde die Wirkungsweise der einzelnen Oxide genauer betrachtet. Grundlage der Untersuchungen ist LS 35/13, welche sich durch eine niedrige Transformationstemperatur $T_g = 408$ °C, eine Wärmedehnung von $\alpha_{20\text{-}300\,°C} = 9{,}5 \cdot 10^{-6}\ K^{-1}$ sowie einen Brechungsindex $n_d = 2{,}00$ auszeichnet.

Im System der LS 35/13 ($25Bi_2O_3$-$33B_2O_3$-$4{,}5SiO_2$-25,5ZnO-4SrO-8BaO (mol-%)) wurde sowohl der Einfluss von Bi_2O_3 als auch von B_2O_3, SiO_2 und ZnO untersucht. Hierzu wurde in zahlreichen Einzelschmelzen jeweils eines der Oxide in geeigneten Grenzkonzentrationen schrittweise erhöht. Die Untersuchungsergebnisse aus den Analysen dieser Glasschmelzen sind in Abbildung 23 zusammengefasst. Dargestellt ist hier anhand von Datenpunkten der Einfluss auf die Transformationstemperatur T_g (hellgrüne Messpunkte) und den WAK (lila Messpunkte) bei steigender Konzentration jeweils eines einzelnen Oxids im System LS 35/13. Die Verbindungslinien zeigen den Trend des Einflusses auf.

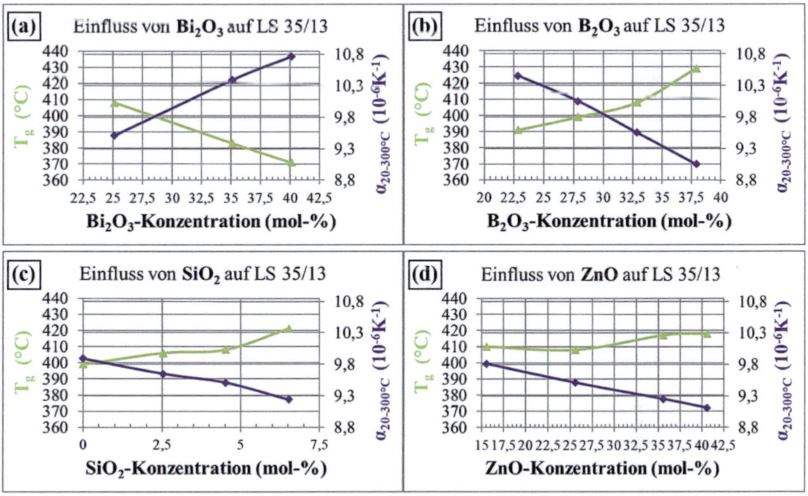

Abbildung 23: Einfluss von (a) Bi_2O_3, (b) B_2O_3, (c) SiO_2 und (d) ZnO auf die Transformationstemperatur T_g (hellgrün dargestellt) und den Wärmeausdehnungskoeffizienten $\alpha_{20\text{-}300\,°C}$ (lila dargestellt) bei steigender Konzentration des jeweiligen Oxids im System $25Bi_2O_3$-$33B_2O_3$-$4{,}5SiO_2$-25,5ZnO-4SrO-8BaO (mol-%) (LS 35/13). Dreiecke und Quadrate markieren das Ergebnis der Einzelmessung zur jeweiligen Laborschmelze, während die Linien den Trend des Einflusses aufzeigen.

Im Glassystem der LS 35/13 zeigt sich bei allen untersuchten Oxiden mit unterschiedlich starker Ausprägung das gegenläufige Verhalten der Transformationstemperatur und des WAK. Die Erhöhung der Konzentration von 25 auf 40 mol-% Bi_2O_3 in Abbildung 23 (a) führt in der Folge zu einer starken T_g-Senkung von 408 °C auf 371 °C und einem damit einhergehenden Anstieg des Wärmeausdehnungskoeffizienten von $\alpha_{20\text{-}300\,°C} = 9{,}5 \cdot 10^{-6}\,K^{-1}$ auf $10{,}7 \cdot 10^{-6}\,K^{-1}$. Die Zunahme der B_2O_3-Konzentration von 23 auf 38 mol-%

(Abbildung 23 (b)) führt hingegen zu einer Erhöhung von T_g = 391 °C auf 429 °C sowie zu einer Verringerung des WAK von $\alpha_{20\text{-}300\,°C} = 10{,}4 \cdot 10^{-6}\ K^{-1}$ auf $9{,}0 \cdot 10^{-6}\ K^{-1}$. Ein im Vergleich zu B_2O_3 ähnlicher, wenngleich abgeschwächter Effekt wird sowohl bei SiO_2 als auch ZnO beobachtet.

Die Bestimmung des Brechungsindex führte zu der Erkenntnis, dass Bi_2O_3 die Brechzahl von $n_d = 2{,}00$ (25 mol-%) bis $n_d = 2{,}16$ (40 mol-%) erhöht. Eine Senkung der Brechzahl ist hingegen bei B_2O_3 zu beobachten. Laut ellipsometrischer Messungen beträgt bei einer B_2O_3-Konzentration von 23 mol-% $n_d = 2{,}06$ und fällt im Verlauf auf $n_d = 1{,}96$ bei 38 mol-%. Sowohl bei SiO_2 als auch bei ZnO konnte kein eindeutiger Trend festgestellt werden. Hier schwankt der Brechungsindex mit ± 0,05 um $n_d = 2{,}00$.

Der Einfluss von BaO und SrO im Glassystem B:BSZSB

In einem Glassystem der Form $25Bi_2O_3$-$33B_2O_3$-$2{,}5SiO_2$-23,5ZnO-3SrO-13BaO (mol-%) (LS 36/13) wurde unter Berücksichtigung ansonsten gleichbleibender Oxidverhältnisse der BaO-Gehalt zwischen 9 und 21 mol-% variiert. Die Auswirkung dieser Variationen auf T_g sowie $\alpha_{20\text{-}300\,°C}$ ist in Abbildung 24 anhand dilatometrischer Messungen dargestellt.

Wie bereits in Abbildung 23 dargestellt wurde, ist der Verlauf der Transformationstemperatur gegenüber dem des WAK, bei systematischer Konzentrationserhöhung eines Oxides, entgegengesetzt. Bei Betrachtung der dilatometrischen Untersuchung bezüglich des Einflusses von BaO in Abbildung 24 ist jedoch ein anderer Trend zu beobachten. Während die Transformationstemperatur mit Werten knapp über 400 °C nahezu unverändert bleibt, ändert sich der WAK $\alpha_{20\text{-}300\,°C}$ bei einer Erhöhung der BaO-Konzentration von 9 auf 21 mol-% mit $2{,}0 \cdot 10^{-6}\ K^{-1}$deutlich.

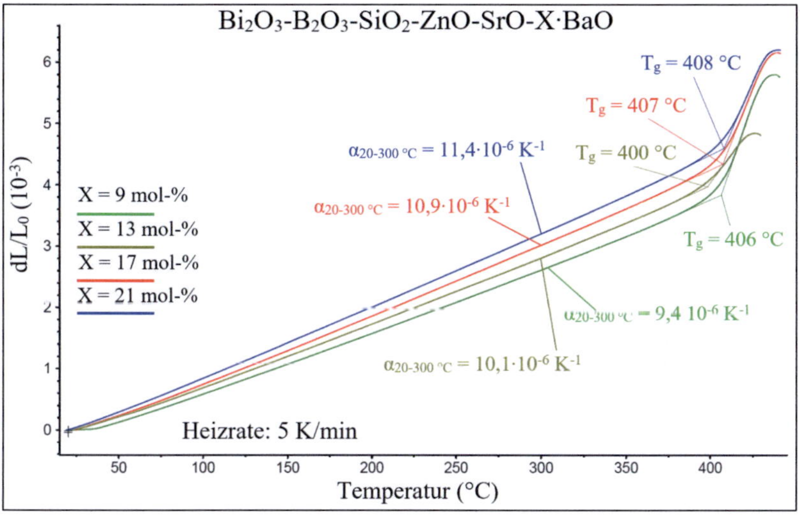

Abbildung 24: Dilatometrische Untersuchung zum Einfluss von BaO auf die Transformationstemperatur T_g sowie den Wärmeausdehnungskoeffizienten $\alpha_{20\text{-}300\,°C}$ im Glassystem B:BSZSB.

Abbildung 25 fasst die Ergebnisse der Dilatometermessung für das Glassystem LS 36/13 grafisch zusammen, wobei die Einflüsse von BaO unter (a) und SrO unter (b) dargestellt sind.

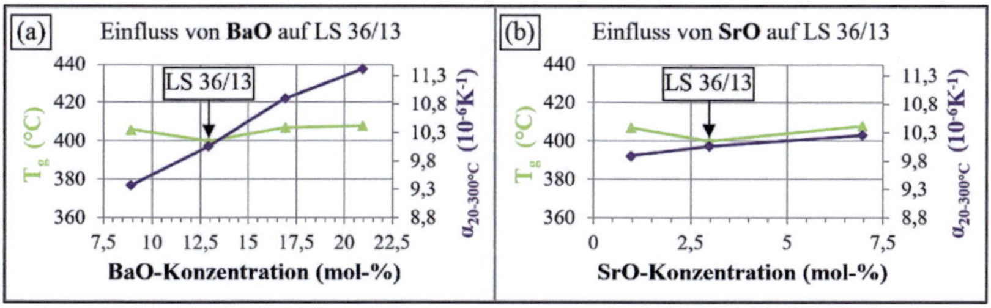

Abbildung 25: Einfluss von (a) BaO und (b) SrO auf die Transformationstemperatur T_g (hellgrün dargestellt) und den Wärmeausdehnungskoeffizienten $\alpha_{20\text{-}300\,°C}$ (lila dargestellt) bei steigender Konzentration des Oxids im System der LS 36/13 ($25Bi_2O_3$-$33B_2O_3$-$2{,}5SiO_2$-23,5ZnO-3SrO-13BaO (mol-%)). Dreiecke und Quadrate markieren das Ergebnis der Einzelmessung zur jeweiligen Laborschmelze, während die Linien den Trend des Einflusses aufzeigen.

Sowohl BaO als auch SrO haben einen ähnlichen Einfluss auf die Transformationstemperatur.

Unterschiede zeigen sich hingegen bei der Wärmeausdehnung. Während der WAK von LS 36/13 ($\alpha_{20\text{-}300\,°C} = 10{,}1 \cdot 10^{-6}\,K^{-1}$) bei einer Erhöhung der SrO-Konzentration um 4 mol-% auf $\alpha_{20\text{-}300\,°C} = 10{,}3 \cdot 10^{-6}\,K^{-1}$ ansteigt, erreicht der WAK bei einer Erhöhung des BaO-Gehalts um 4 mol-% $\alpha_{20\text{-}300\,°C} = 10{,}9 \cdot 10^{-6}\,K^{-1}$.

In ihrer Auswirkung auf die Lichtbrechung sind beide Oxide als gleichwertig zu betrachten und haben diesbezüglich in diesem System eine untergeordnete Bedeutung. Im Falle von BaO ändert sich der Brechungsindex des Glases von $n_d = 2{,}01$ bei 9 mol-% BaO auf $n_d = 1{,}97$ bei 21 mol-% BaO. Ähnlich dazu sinkt n_d bei einer Erhöhung des SrO-Gehalts von $n_d = 2{,}00$ bei 1 mol-% SrO auf $n_d = 1{,}96$ bei 7 mol-% SrO.

Diskussion

Die Transformationstemperatur T_g hängt unter anderem von der Anzahl an Quervernetzungen im Glasgerüst, der Packungsdichte des Sauerstoffs[47] [11] sowie der Bindungsstärke beteiligter Netzwerkbildner und deren Koordinationszahl im Netzwerk ab [22]. Das Netzwerk im B:BSZSB-System ist aus B-O- und Si-O-Bindungen aufgebaut, welche durch die Einbringung von Bi_2O_3 aufgebrochen werden. Durch die Erhöhung der Bi_2O_3-Konzentration steigt die Anzahl an Bi-O-Bindungen im Netzwerk, welche mit einer Bindungsenergie von 81,9 $kcal \cdot mol^{-1}$ deutlich schwächer sind als beispielsweise B-O-Bindungen mit 192,7 $kcal \cdot mol^{-1}$ [102]. Das Resultat ist eine Umwandlung von Brückensauerstoffen *(engl. bridging oxygens - BOs)* in Trennstellensauerstoffe *(engl. non bridging oxygens - NBOs)*, was wiederum zu einer Abnahme der Quervernetzung im Glasgerüst sowie zu einer geringeren Packungsdichte des Sauerstoffs führt. Das Glasnetzwerk erfährt in Folge der

[47] In der Regel dominieren die gegenüber Kationen größeren Sauerstoff-Anionen die Raumerfüllung in einem oxidischen Glas. Im Modell der Kugelpackungen können sie je nach Bindungsverhältnissen im Glas mehr oder weniger dichte Packungen ausbilden [100]. Die Packungsdichte kann somit als Maß für die Aufspaltung des Glasnetzwerks angesehen werden [11].

Einbindung des Bi_2O_3 eine Auflockerung, weshalb T_g im Verlauf sinkt (Abbildung 23 (a)). Beobachtungen von [33] im System B:BS zeigen, dass eine Erhöhung des Bi_2O_3-Gehalts den Umbau von $[BiO_3]$- zu $[BiO_6]$- und $[BO_4]$- zu $[BO_3]$-Struktureinheiten begünstigen und somit die Formation von NBOs. Die Auflockerung des Netzwerks durch die Schaffung von NBOs führt [117] als Grund für die Erhöhung des WAK mit steigendem Bi_2O_3-Gehalt an (Abbildung 23 (a)).

Der Brechungsindex n_d des Glassystems korreliert stark mit dessen Dichte ρ. Bi_2O_3 liegt mit einem Molekulargewicht von $M(Bi_2O_3) = 465{,}95\ g{\cdot}mol^{-1}$ deutlich über dem der anderen im Glas befindlichen Oxide, sodass eine Dichteerhöhung mit steigendem Bi_2O_3-Gehalt zu erwarten ist. Die Molekulargewichte der Oxide aus dem Glassystem B:BSZSB sind mit $M(BaO) = 153{,}34\ g{\cdot}mol^{-1}$, $M(SrO) = 103{,}62\ g{\cdot}mol^{-1}$, $M(ZnO) = 81{,}38\ g{\cdot}mol^{-1}$, $M(B_2O_3) = 69{,}62\ g{\cdot}mol^{-1}$ und $M(SiO_2) = 60{,}08\ g{\cdot}mol^{-1}$ angegeben [33]. Zudem besitzt das Bi^{3+}-Ion zwei Valenzelektronen in der 6s-Außenschale und ist somit gegenüber den anderen Elementen mit gefüllten Außenschalen nach [76; 42] besser polarisierbar. Licht als elektromagnetisches Feld erzeugt durch die Wechselwirkung mit den Valenzelektronen des Bi^{3+}-Ions einen Dipol. Je stärker somit das elektromagnetische Feld des Lichts mit den Valenzelektronen wechselwirken kann, desto langsamer läuft die Lichtwelle durch das Medium Glas, d.h. desto größer ist n_d.

Die im Vergleich zu Bi_2O_3 entgegengesetzten Kurvenverläufe von T_g und $\alpha_{20\text{-}300\,°C}$ bei einer Konzentrationserhöhung von B_2O_3, SiO_2 und ZnO (Abbildung 23 (b)-(d)) sprechen für eine Verfestigung des Glasverbundes. Wie bereits erwähnt, sind gerade die Bindungsenergien von B_2O_3 und SiO_2 gegenüber Bi_2O_3 deutlich höher. Demzufolge führt eine Erhöhung der Konzentration aufgrund der zusätzlichen Einbringung von B-O- respektive Si-O-Bindungen zu einer Verfestigung des Netzwerks. Es ist somit ein höherer Energieeintrag nötig, um Bindungen aufzubrechen und die Glasphase zu bilden. Der Vergleich mit reinem SiO_2-Glas (Kieselglas) macht dies deutlich. Bei Kieselglas liegt die Transformationstemperatur in Abhängigkeit von den Verunreinigungen bei 1075-1210 °C und $\alpha_{20\text{-}300\,°C}$ bei ca. $0{,}55 \cdot 10^{-6}\ K^{-1}$ [9]. Die Theorie der Netzwerkverfestigung wird gestützt durch die Beobachtungen von [23], welche für die T_g-Erhöhung und die WAK-Senkung durch SiO_2 und

B_2O_3 zum einen die hohe Dietzel-Feldstärke (Kraftwirkung ausgehend von einem einzelnen Ion) von Si^{4+} (1,57 V/Å^2) aufführten und zum anderen den verfestigenden Koordinationswechsel von trigonal planarem [BO_3] zu Tetraedern in Form von [BO_4]. Durch die Dietzel-Feldstärke lässt sich somit auch die ähnlich starke Wirkungsweise von B^{3+} (1,34 V/Å^2) und die deutlich schwächere von Zn^{2+} (0,59 V/Å^2) erklären.

Ein Blick auf die Elektronenkonfiguration der im Glas befindlichen Ionen B^{3+} [He]-Edelgaskonfiguration, Si^{4+} [Ne], Zn^{2+} [Ar]3d^{10} (3d-Außenschale voll besetzt), Sr^{2+} [Kr] und Ba^{2+} [Xe] zeigt, weshalb sich diese Ionen neutral bzw. leicht senkend auf den Brechungsindex auswirken. Diese Ionen besitzen keine freien Valenzelektronen und wechselwirken deshalb nicht mit dem elektromagnetischen Feld des Lichts.

5.2 Alternative Spezialglassysteme für Glasstreuschichten

Dieses Kapitel fasst die Resultate zusammen, welche im Rahmen der Herstellung alternativer PbO- und Bi_2O_3-freier, niedrigschmelzender und hochbrechender Spezialgläser erzielt wurden. In Anlehnung an Kapitel 3.3.2.2 werden hierbei primär TeO_2-haltige Glassysteme besprochen und diskutiert. Ferner wird ein Sb_2O_3-haltiges Glassystem präsentiert, welches auf einer B_2O_3-GeO_2-Matrix basiert. Die ebenfalls in Kapitel 3.3.2.2 behandelten P_2O_5- bzw. SnO-haltigen Glassysteme konnten nicht oder nur unter unverhältnismäßig hohem Aufwand hergestellt werden und erfüllten nicht die geforderten Rahmenbedingungen.

TeO_2-haltige Spezialglassysteme

In Tabelle 8 ist der Einfluss von TeO_2 auf T_g, $\alpha_{20\text{-}300\,°C}$ und n_d anhand eines direkten Vergleichs mit dem B:BSZSB-System der LS 35/13 dargestellt. Hierzu wurden 25 mol-% Bi_2O_3 in LS 35/13 vollständig durch 25 mol-% TeO_2 ersetzt (LS 45/14). In einer weiteren Schmelze (LS 66/14) wurde eine 50/50-Mischung aus 12,5 mol-% Bi_2O_3 und 12,5 mol-% TeO_2 hergestellt und analysiert.

Tabelle 8: Einfluss von TeO_2 auf die thermischen und optischen Eigenschaften von LS 35/13.

Glas	Glassystem (mol-%)	T_g (°C)	$\alpha_{20\text{-}300\,°C}$ (10^{-6} K^{-1})	n_d
LS 35/13	25**Bi_2O_3**-33B_2O_3-4,5SiO_2-25,5ZnO-4SrO-8BaO	408	9,5	2,00
LS 45/14	25**TeO_2**-33B_2O_3-4,5SiO_2-25,5ZnO-4SrO-8BaO	469	8,3	1,76
LS 66/14	12,5**Bi_2O_3**-12,5**TeO_2**-33B_2O_3-4,5SiO_2-25,5ZnO-4SrO-8BaO	447	9,1	1,90

Der direkte Austausch von Bi_2O_3 gegen TeO_2 führt zu einer Erhöhung der Transformationstemperatur um 61 °C, zu einer Senkung des WAK um $1{,}2 \cdot 10^{-6}$ K^{-1} sowie zu einer Minderung der Brechzahl von $n_d = 2{,}00$ auf $n_d = 1{,}76$. Die 50/50-Mischung (LS 66/14) führt bei den thermischen und optischen Eigenschaften erwartungsgemäß zu einer Mittelstellung zwischen den Extremwerten der LS 35/13 und LS 45/14. Die LS 66/14 erreicht bei allen drei aufgeführten Eigenschaften die geforderten Kriterien (Kapitel 3.3.1) und wurde deshalb zu einer manuellen Rakelschicht weiterverarbeitet (Tabelle 11).

Tabelle 9 fasst das Potential TeO_2-haltiger Glassysteme u.a. im Hinblick auf niedrige Transformationstemperaturen zusammen. Daneben sind die Wärmeausdehnungskoeffizienten und Brechungsindices der jeweiligen Systeme dargestellt. Es wurden nur Glassysteme berücksichtigt, die gegenüber LS 35/13 vergleichbare respektive niedrigere T_g-Werte aufwiesen. Positiv zu bewerten war darüber hinaus der Brechungsindex, welcher in annähernd allen aufgeführten Systemen mit Werten von $n_d = 1{,}90 \pm 0{,}1$ einen ITO-kompatiblen Brechzahlübergang ermöglicht. Die Messergebnisse zur Wärmeausdehnung liegen bei den genannten TeO_2-haltigen Laborschmelzen über denen der Bi_2O_3-haltigen Systeme. Inwieweit diese Materialeigenschaft die Erzeugung von Glas-/Glasstreuschichten beeinflusst, zeigen die Untersuchungsergebnisse ab Kapitel 5.4.2. Die in Tabelle 9 hervorgehobenen Laborschmelzen wurden zu manuellen Rakelschichten weiterverarbeitet.

Tabelle 9: **Zusammenfassung diverser TeO_2-haltiger Laborschmelzen unter Angabe des jeweiligen Glassystems sowie der Transformationstemperaturen, der Wärmeausdehnungskoeffizienten und der Brechungsindices. Ausgewählt wurden lediglich die Laborschmelzen, welche eine vergleichbare oder bessere Transformationstemperatur besitzen als LS 35/13 aus dem System B:BSZSB.**

Glas	Glassystem (mol-%)	T_g (°C)	$\alpha_{20\text{-}300\,°C}$ (10^{-6} K^{-1})	n_d
LS 05/15	$44TeO_2$-$44B_2O_3$-12CaO	411	10,1	1,77
LS 74/14	$50TeO_2$-$40B_2O_3$-10BaO	411	10,7	1,77
LS 42/14	$44TeO_2$-$28B_2O_3$-20ZnO-$8Li_2O$	385	11,1	1,83
LS 37/14	$44TeO_2$-$28B_2O_3$-$8GeO_2$-20ZnO	406	10,2	1,82
LS 44/14	$44TeO_2$-$28B_2O_3$-$4SiO_2$-20ZnO-$4K_2O$	399	11,3	1,78
LS 02/15	$39TeO_2$-$24B_2O_3$-18ZnO-4SrO-8BaO-$7Li_2O$	389	11,5	1,81
LS 03/15	$37TeO_2$-$23B_2O_3$-$4{,}5SiO_2$-17ZnO-4SrO-7,5BaO-$7Li_2O$	389	11,0	1,81
LS 14/15	$38{,}5TeO_2$-$24B_2O_3$-17,5ZnO-4SrO-8BaO-$7Li_2O$-1SnO	406	11,0	1,80

Sb_2O_3-haltige Spezialglassysteme

Basierend auf einer B_2O_3-GeO_2-Matrix wurden Spezialgläser synthetisiert, welche durch Beimengung von Sb_2O_3 und ohne Zugabe von Bi_2O_3, TeO_2 oder PbO eine deutlich niedrigere Transformationstemperatur aufwiesen, als die bisher behandelten Glassysteme. Verglichen mit LS 35/13 (T_g = 408 °C, Tabelle 8) zeigen die in Tabelle 10 aufgeführten Gläser eine Senkung der Transformationstemperatur um mehr als 60 K.

Tabelle 10: Überblick über thermische und optische Messresultate an alternativen Sb_2O_3-haltigen Spezialgläsern, basierend auf einer B_2O_3-GeO_2-Matrix. Angegeben sind jeweils die Transformationstemperatur T_g sowie der WAK $\alpha_{20\text{-}300\,°C}$ und der Brechungsindex n_d.

Glas	Glassystem (mol-%)	T_g (°C)	$\alpha_{20\text{-}300\,°C}$ (10^{-6} K^{-1})	n_d
LS 36/14	$25Sb_2O_3$-$13B_2O_3$-$62GeO_2$	347	12,2	1,77
LS 60/14	$21Sb_2O_3$-$18B_2O_3$-$61GeO_2$	343	11,8	1,73
LS 61/14	$20Sb_2O_3$-$17B_2O_3$-$59GeO_2$-$4SiO_2$	341	11,8	1,69

Einhergehend mit der T_g-Senkung nimmt der WAK mit Werten zwischen $\alpha_{20\text{-}300\,°C} = 11{,}8\text{-}12{,}2 \cdot 10^{-6}\ K^{-1}$ signifikant zu. Ferner liegt der Brechungsindex mit $n_d < 1{,}80$ unter der geforderten Spezifikation aus Kapitel 3.3.1. Auch hier müssen manuelle Rakelversuche zeigen, ob sich diese Gläser auf einem Kalk-Natron-Silicatglas als dünne Schicht mit geringer Rauheit aufbringen lassen, ohne dass eingebrachte Spannungen zu Rissen oder partiellen Abplatzungen in der Glasschicht oder zur Verformung des Substrats führen. Die in Tabelle 10 hervorgehobene LS 60/14 wurde als Glasschicht getestet.

Diskussion

Im Kapitel 3.2.3.1, Lichtbrechung und Dispersion, wurde die hohe Brechzahl von Bi_2O_3 auf die starke Wechselwirkung des Lichts mit großen polarisierbaren Kationen wie dem Bi^{3+}-Ion zurückgeführt. Die Lage im Periodensystem zeigt, dass das Te^{4+}-Ion eine deutlich geringere Elektronenzahl besitzt als Bi^{3+}. Folglich führt der direkte Austausch von Bi_2O_3 durch TeO_2, wie in Tabelle 8 am Beispiel der LS 35/13 und LS 45/14 dargestellt, zu einer deutlichen Reduzierung des Brechungsindex von $n_d = 2{,}00$ auf $n_d = 1{,}76$. Auch die in Tabelle 9 aufgeführten Gläser erreichen trotz des hohen Anteils an TeO_2 nicht das Brechzahlniveau von Bi_2O_3. Dies lässt sich anhand der Einführung von zweiwertigen Netzwerkwandlern erklären, welche eine geringere Polarisierbarkeit aufweisen als TeO_2 und somit eine Abnahme der Gesamtpolarisierbarkeit verursachen. Ein weiterer Effekt der Netzwerkwandler ist der Umbau des Glasnetzwerks von $[TeO_4]$- zu $[TeO_3]$-Baugruppen. Da $[TeO_4]$-Gruppen eine etwa 20 % höhere Polarisierbarkeit aufweisen als $[TeO_3]$-Gruppen, ist der deutlich niedrigere Brechungsindex von TeO_2-haltigen Glassystemen gegenüber den Bi_2O_3-haltigen Gläsern ein zu erwartendes Ergebnis [65].

Die niedrigen Transformationstemperaturen und hohen Wärmeausdehnungskoeffizienten von TeO_2-haltigen und besonders von Sb_2O_3-haltigen Glassystemen sind wie im Diskussionsteil des Kapitels 5.1.2.2 anhand der Auflockerung des Glasnetzwerks durch Einführung von Bindungen geringerer Energie erklärbar. In den Glasmatrices, welche in Tabelle 9 und Tabelle 10 durch B_2O_3, SiO_2 und GeO_2 aufgebaut werden, vermindert sich die Anzahl an Quervernetzungen durch den Einbau von TeO_2 und Sb_2O_3 in das Netzwerk. Somit ist im Vergleich zu einem Netzwerk, in dem hohe Bindungsenergien vorherrschen, weniger thermische Energie nötig, um das Glas in den Zustand niedriger Viskosität zu führen.

5.3 Pulvererzeugung

Neben der chemischen Zusammensetzung des Glases ist die Beschaffenheit des Glaspulvers (Kapitel 4.3) maßgeblich für das spätere Verglasungsverhalten der Glaspaste/Glasstreupaste verantwortlich. In diesem Kapitel werden die Resultate aus drei unterschiedlichen Mahlverfahren vorgestellt, die sich in ihrer Methodik und Mahlleistung deutlich voneinander unterscheiden. Ferner wird der Einfluss der angewandten Mahlparameter auf die Korngröße, -verteilung und -form diskutiert.

5.3.1 Auswirkung der Mahlparameter auf Korngröße und -verteilung

In Anlehnung an Tabelle 4 wurde die Probe LS 35/13 mit drei unterschiedlichen Mahlverfahren zerkleinert. Die aus dieser Versuchsmatrix resultierenden Einzelergebnisse sind in Tabelle 14 im Anhang zusammengefasst. Teilaspekte daraus sind in Abbildung 26 dargestellt, wobei die kumulierten Messergebnisse aus der CILAS-Lasergranulometrie über dem Partikeldurchmesser aufgetragen sind.

Die Pulverprobe MM100_1[48] (LS 35/13, d_{90} = 108,15 µm) bildet das Ausgangsmahlgut für die Versuchsreihen in der PKM sowie RKM und ist in Abbildung 26 (a)-(d) jeweils mit einer blauen Kurve dargestellt. Ein Vergleich mit MM100_2 zeigt, dass durch die Verlängerung der Mahldauer von 1 h auf 2 h (graue Kurve in Abbildung 26 (a)) ein deutlich feineres Korn (d_{90} = 19,76 µm) in der Mörsermühle erzielt wird. Eine nochmalige Verlängerung auf eine Gesamtmahldauer von 6 h führt zu einer weiteren Verringerung des Korndurchmessers auf d_{90} = 12,42 µm.

Beim Vergleich der erzielten Partikeldurchmesser zwischen der Mörsermühle in Abbildung 26 (a) und der Planetenkugelmühle in Abbildung 26 (b) wird die deutlich effektivere Zerkleinerungsweise der PKM ersichtlich. Während in der MM erst nach einer Mahldauer von 6 h ein d_{90}= 12,42 µm erreicht wurde, benötigte die PKM in der Konfiguration mit Achatkugeln des Durchmessers 3 mm und 450 U·min^{-1} für ein ähnliches Resultat (d_{90} = 12,66 µm) lediglich 0,5 h. Nach einer Mahldauer von 2 h wurde bereits ein d_{90} = 5,89 µm erreicht, nach 6 h ein d_{90} = 4,76 µm. Der Vergleich zwischen der zwei- und sechsstündigen Mahlung in Abbildung 26 (b) zeigt, dass für die Zerkleinerung des Grobanteils eine Erhöhung der Mahldauer nicht das effektivste Mittel der Wahl ist. Auch der Feinanteil ändert sich von d_{10} = 0,18 µm (nach 2 h) auf d_{10} = 0,16 µm (nach 6 h) nur unwesentlich. In guter Übereinstimmung mit [44] ist am Verlauf aller PKM-Mahlungen in Abbildung 26 (b)-(d) zu erkennen, dass nach einer Mahldauer von 2 h die erreichbare Endfeinheit annähernd erzielt wurde.

Deutlich effektiver als die Verlängerung der Mahldauer wirkt sich hingegen die Verkleinerung des Mahlkugeldurchmessers auf die Zerkleinerungsleistung aus. Dies ist an der Gegenüberstellung zwischen Abbildung 26 (b) und (c) ersichtlich. Während sich nach einer 0,5 h-Mahlung bei 450 U·min^{-1} mit Achatkugeln des Durchmessers 20 mm ein d_{90} = 23,81 µm einstellt, ist bei derselben Mahlprozedur mit Achatkugeln des Durchmessers 3 mm ein d_{90} = 12,66 µm erreichbar. Im Falle der größeren Mahlkugeln lag der d_{90}-Wert selbst bei einer Erhöhung der Drehzahl auf 550 U·min^{-1} und einer daraus

[48] MM100_1 entspricht einer einstündigen Mahlung in der Mörsermühle bei 100 U·min^{-1}.

resultierenden Steigerung des Energieeintrags auf das Mahlgut, wie es in Abbildung 26 (d) dargestellt ist, nach einer 0,5 h-Mahlung lediglich bei 15,54 µm.

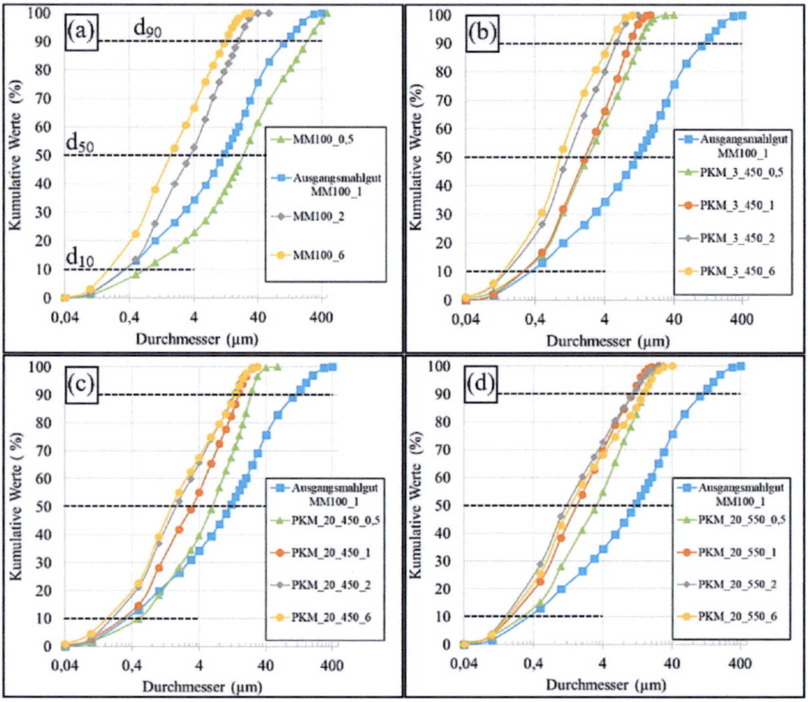

Abbildung 26: Kumulierte Messergebnisse aus der CILAS-Lasergranulometrie aufgetragen über dem Partikeldurchmesser in µm. Dargestellt sind 0,5-6-stündige Mahlungen der LS 35/13 mit (a) einer Mörsermühle (MM) bei 100 U·min^{-1} sowie (b) einer Planetenkugelmühle (PKM), Achatkugeln Ø = 3 mm, 450 U min^{-1}, (c) Achatkugeln Ø = 20 mm, 450 U·min^{-1} und (d) Achatkugeln Ø = 20 mm, 550 U·min^{-1}. Gestrichelte Linien geben den charakteristischen 10 %-/50 %-/90 %-Korndurchmesser $d_{10}/d_{50}/d_{90}$ an.

Tabelle 14 im Anhang zeigt neben den Trockenmahlverfahren auch die Ergebnisse der Nassmahlung in der Rührwerkskugelmühle auf. Das erstmalige Zerkleinern mit Zirkonoxidkugeln des Durchmessers 0,3 mm (Füllgrad des Mahlgefäßes 95 %) führt bei einer Umdrehungsgeschwindigkeit von

2000 U·min^{-1} bereits nach 9 min zu einem d_{90}-Wert von 9,90 µm. Durch eine Wiederholung dieser Prozedur mit dem wässrigen Mahlgut aus dem ersten Durchgang wird sogar ein d_{90} = 4,96 µm erreicht. Anhand des d_{90}-Werts und der Korngrößenverteilung der Probe RKM0,3_2000_2 bleibt festzuhalten, dass ein zweistufiger Mahlprozess von jeweils 9 min in der RKM annähernd dasselbe Mahlergebnis liefert wie eine sechsstündige Mahlung in der PKM (PKM3_450_6). Wird dieses Prozedere mit 3500 U·min^{-1} durchgeführt, lässt sich der Durchmesser der Glaspartikel gegenüber RKM0,3_2000_2 nochmals nahezu halbieren (d_{90} – 2,67 µm, RKM0,3_3500_2).

Entscheidend für das spätere Verglasungsverhalten des Glaspulvers ist, neben der Partikelgröße, dessen Verteilung. Je nach Mahlverfahren und entsprechenden Parametern lassen sich Pulver herstellen, welche eine sehr enge monomodale Partikelverteilung mit hohem Feinkornanteil (Tabelle 15 im Anhang, RKM0,3_3500_2) oder aber eine äußerst breite Verteilung mit diversen Partikelpopulationen (Tabelle 15 im Anhang, MM100_1) aufweisen.

Auch bei den drei vorgestellten Mahlverfahren sind klare Unterschiede zu erkennen. Diese sind in Tabelle 15 im Anhang an einer Gegenüberstellung der CILAS-Korngrößenverteilung von vier ausgewählten Mahlungen der LS 35/13 dargestellt. REM-Aufnahmen veranschaulichen die Beschaffenheit der Pulverproben.

Ausgehend von der Mahlung MM100_1 aus Tabelle 15 im Anhang, welche eine breite trimodale Partikelverteilung aufweist, reduziert sich bei PKM20_450_6 in Folge der intensiven Zerkleinerung der Grobkornanteil der Glaspartikel deutlich. Die Laserbeugung an den Partikeln zeigt eine trimodale Verteilung auf, jedoch mit deutlicher Tendenz zum feineren Korn, was am Anwachsen des Peaks bei Partikeldurchmessern < 1 µm ersichtlich ist. Die bimodale Verteilung der Probe PKM3_450_6 weist gegenüber PKM20_450_6 eine nochmals deutliche Reduzierung des Grobanteils auf, was am fehlenden Peak um 10 µm zu erkennen ist. Der Feinanteil beider Mahlungen ist annähernd gleich. Die engere Kornverteilung der Mahlung PKM3_450_6 sorgt für ein dichteres und homogeneres Sintergefüge.

Eine monomodale und enge Partikelverteilung lässt sich durch die Mahlung in einer Rührwerkskugelmühle erzeugen. Am Beispiel der Mahlung

RKM0,3_3500_2 ist zu erkennen, dass der Feinkornanteil gegenüber PKM3_450_6 im Bereich < 0,1 µm weiter zunimmt und der Grobanteil nochmals reduziert wird. Mit zunehmender Feinheit der Glaspulverpartikel steigt durch die Vergrößerung der Pulveroberfläche die Aktivität beim späteren Sinterprozess an.

Ob eine bestimmte Partikelgröße und -verteilung für den Verglasungsprozess auf dem OLED-Substrat präferiert werden sollte, zeigen die weiterführenden Untersuchungen ab Kapitel 5.4.1.

Diskussion

Aus den Mahlversuchen können entscheidende Einflussparameter abgeleitet werden, welche maßgeblich die Korngröße und -verteilung beeinflussen. Zum einen wurde dargestellt, dass die Mahlleistung ganz entscheidend von der Größe der Mahlkugeln abhängig ist, wobei die Verwendung von kleineren Mahlkugeln zu einem feineren Korn führt. Dies liegt einerseits an der Vergrößerung der Mahloberfläche und andererseits an der Auftreffwahrscheinlichkeit zwischen Mahlkugel und Mahlgut. Die Wahrscheinlichkeit, dass ein Glaspulverkorn von einer der 2000 Achatkugeln des Durchmessers 3 mm getroffen und dadurch effektiv zerschlagen wird, ist höher als im Falle von 8 Achatkugeln derselben Masse mit einem Durchmesser von 20 mm. Des Weiteren ist die Einstellung der Umdrehungsgeschwindigkeit auf die jeweilige Mahlkugelgeometrie anzupassen. Eine zu gering eingestellte Geschwindigkeit führt dazu, dass die Energie der Mahlkugel nicht ausreicht, das Mahlgut zu zerschlagen. Das andere Extrem einer zu hoch eingestellten Geschwindigkeit führt dazu, dass die Mahlkugeln, getrieben von der Zentrifugalkraft, ausschließlich an der Mahlgefäßwandung rotieren und das Mahlgut lediglich reiben, jedoch nicht durch Schlag zerteilen [43]. Durch diese Reibung entsteht Wärme, die wiederum dem Mahlgut zugeführt wird und zur Bildung von „zusammengebackenen“ Agglomeraten führt. Dies ist beim Vergleich zwischen den Pulverproben PKM20_550_2 und _6 in Tabelle 14 im Anhang zu sehen. Hier vergrößert sich der d_{90}-Wert von 10,87 µm nach 2 h Mahlung auf 15,45 µm nach 6 h (Tabelle 14 im Anhang). Das Verklumpen führt dazu, dass sich das Mahlgut am Boden absetzt und durch die Mahlkugeln festgedrückt wird. Das Anhaften des Mahlguts am Boden, an der Mahlgefäßwandung oder an den Mahlkugeln signalisiert das Ende des Mahlprozesses.

Durch die Verwendung von Wasser als Mahlmedium, wie es im Falle der RKM zum Einsatz kam, werden die Pulverpartikel länger in der Schwebe gehalten und ein Sedimentieren während des Mahlvorgangs unterbunden. Dadurch wird die Effektivität des Mahlvorgangs gesteigert. Das Mahlmedium kann darüber hinaus einen Teil der erzeugten Wärme besser verteilen und Agglomeratbildung reduzieren. Der entscheidende Nachteil der Nassmahlung ist der bereits in Kapitel 4.3.3 beschriebene zeitintensive Präparationsaufwand bis zum gebrauchsbereiten Mahlgut. Aus diesem Grund wurde bei den Mahlungen in der MM und PKM auf den Einsatz eines wässrigen Mahlmediums verzichtet.

5.3.2 Kornform in Abhängigkeit von der Mahlmethode

Die Kornform ist maßgeblich für die Schüttdichte des Glaspulvers verantwortlich. Je höher die Schüttdichte eines Glaspulvers ist, desto mehr aktive äußere Sinteroberflächen stehen miteinander in Kontakt und begünstigen ein rasches Aufschmelzen. Ein Glaspulver aus idealen sphärischen Partikeln hätte die höchste Schüttdichte. Solche Partikel sind jedoch durch die Zerkleinerung mittels Mörsermühle MM (a), Planetenkugelmühle PKM (b) oder Rührwerkskugelmühle RKM (c), wie in Abbildung 27 dargestellt, nicht zu generieren. Die in Abbildung 27 untersuchten Glaspartikel sind Siebfraktionen, welche im Siebdruckprozess als Glaspasten auf das OLED-Substrat appliziert wurden (Kapitel 5.4.1).

Abbildung 27: Kornform der LS 35/13 in Abhängigkeit von der Mahlmethode dargestellt an rasterelektronenmikroskopischen Aufnahmen: (a) MM100_1 (Partikelfraktion < 32 µm), (b) PKM3_450_6 (Partikelfraktion < 20 µm) und (c) RKM0,3_3500_2 (ohne Fraktionierung).

Durch das grobe Aufbrechen des Kompaktglases in der MM ergibt sich zu Beginn ein Splitterkorn (Abbildung 27 (a)), welches sich im Verlauf der Mahlung durch dauerhafte Reibung am Pistill und Mahlgefäß an den Kanten abrundet. Ähnliches geschieht anfangs in der PKM. Hier wird durch Schlag eine Zertrümmerung des Mahlguts verursacht. Erst nach einer Mahldauer von 6 h runden sich die Glaspartikel ab (Abbildung 27 (b)). Das Mahlgut aus einer RKM (Abbildung 27 (c)) ist, wenngleich deutlich feiner, mit dem Ergebnis aus der MM vergleichbar. Das Splitterkorn ist durchsetzt von schuppig ausgeprägten Partikeln.

5.4 Herstellung der Glasschichten

Die Erkenntnisse aus der Pulvererzeugung (Kapitel 5.3) tragen dazu bei, auftretende Phänomene beim nachfolgenden Verglasungsprozess verstehen zu können. Einführend wird das Aufschmelzverhalten der LS 35/13 in Abhängigkeit von der Korngröße, -verteilung und -form beschrieben, woraus sich eine erste Empfehlung für eine homogene und idealerweise fehlerfreie Glasschichterzeugung ableiten lässt. Ferner beschäftigt sich dieses Kapitel eingehend mit der Optimierung der Glasschicht und zeigt Störfaktoren auf, die es im Hinblick auf die Verbesserung der Lichtauskopplung in der OLED zu vermeiden gilt. Ganz bewusst wird folgend die Glasmatrix ohne Streupartikel betrachtet, um ausschließlich den Einfluss des Glases beurteilen zu können.

5.4.1 Aufschmelzverhalten des Glaspulvers LS 35/13 in Abhängigkeit von der Korngröße, -verteilung und -form

In Abbildung 28 sind zwei siebgedruckte Glasschichten (Kapitel 4.4) derselben Laborschmelze (LS 35/13) zu sehen, welche jeweils aus unterschiedlich aufgemahlenen Glaspulvern hergestellt wurden. Während das Glaspulver der Glaspaste 19 (GP 19) in einer Planetenkugelmühle (PKM3_450_6) gemahlen und auf eine Partikelfraktion < 20 µm gesiebt wurde, kam bei der Glaspaste 16 (GP 16) eine Mörsermühle (MM100_1) zum Einsatz, wobei nur Partikel < 32 µm verwendet wurden. Rasterelektronenmikroskopische Aufnahmen dieser Siebfraktionen sind in Abbildung 27 (a) und (b) dargestellt.

Beide Glaspasten wurden mit dem gleichen Temperregime bei T = 560 °C für t = 40 min verglast, wobei die Schicht mit GP 16 noch viele Poren zeigte (Abbildung 28, unten rechts), die sich erst bei T ≥ 590 °C nahezu vollständig entfernen ließen. Im Gegensatz zu GP 16 konnte GP 19 ohne Blasenbildung verglast werden und zeigte im Durchlicht des Polarisationsmikroskops nur sehr vereinzelt doppelbrechende Kristalle von wenigen µm Größe (Abbildung 28, unten links, blau eingekreist). Die Schicht aus GP 19 wies eine äußerst homogene und glatte Oberfläche mit auffallend brillantem Glanz auf.

In einem manuellen Vorversuch wurde das Glaspulver der LS 35/13 (RKM0,3_3500_2, ohne Fraktionierung), welches in Abbildung 27 (c) zu sehen ist, als Paste auf einen Objektträger appliziert und verglast. Auch hier zeigte sich ein Verglasungsverhalten ähnlich der GP 19, jedoch mit deutlich höherer Tendenz zur Kristallisation. Diese Kristalle ließen sich erst bei Verglasungstemperaturen von T ≥ 590 °C vermeiden.

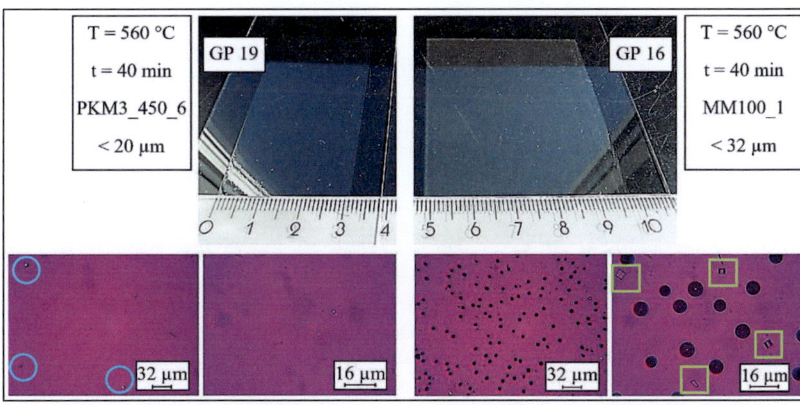

Abbildung 28: Gegenüberstellung zweier Glasschichten aus LS 35/13, welche beide bei T = 560 °C und einer Haltezeit von t = 40 min verglast wurden. Das Glaspulver der Glaspaste 19 (GP 19) wurde mit einer Planetenkugelmühle (PKM3_450_6) erzeugt, das der Glaspaste 16 (GP 16) mit einer Mörsermühle (PKM100_1). Die Glasschicht aus GP 19 weist vereinzelt kleinste doppelbrechende Kristalle auf (blau eingekreist). GP 16 zeigt noch viele Poren, zu sehen an der leichten Trübung der Schicht (oben rechts) bzw. vergrößert auf den Durchlichtaufnahmen mit Polarisationsmikroskop (unten rechts). Durch grüne Quadrate hervorgehoben sind Kristallite, welche sich beim Verglasen in der Schicht gebildet haben.

Der Einfluss der Korngröße auf das Aufschmelzverhalten des Glaspulvers konnte in einer erhitzungsmikroskopischen Untersuchung bestätigt werden. In Abbildung 29 sind drei Glaspulver der LS 35/13 dargestellt, welche in einer Mörsermühle (MM100_0,5) gemahlen und im Anschluss unterschiedlich fraktioniert wurden. Die rot dargestellte Messkurve repräsentiert das Mahlgut mit einem d_{90}-Wert von 235,40 µm, die blaue respektive grüne Kurve zeigt zwei Siebfraktionen aus diesem Glaspulver mit Partikeldurchmessern < 32 µm bzw. < 20 µm.

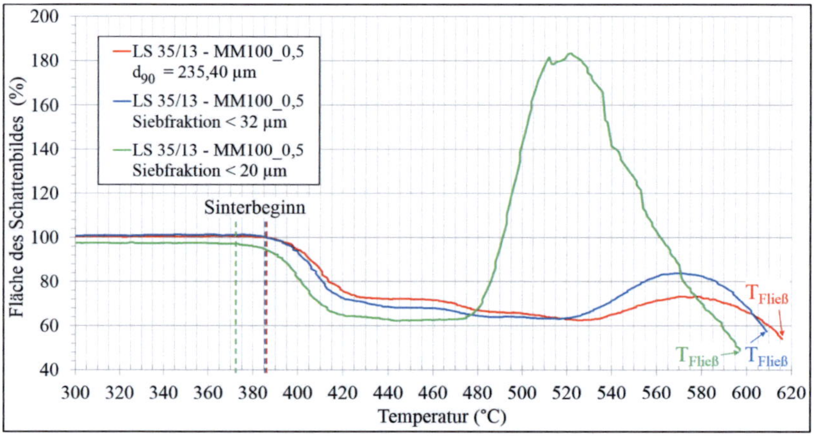

Abbildung 29: Erhitzungsmikroskopische Untersuchungen zur Bestimmung des Korngrößeneinflusses auf das Aufschmelzverhalten am Beispiel der Bi_2O_3-haltigen Laborschmelze LS 35/13. Dargestellt ist die Veränderung der Schattenbildfläche des Pulverpresslings im Verlauf einer kontinuierlichen Temperaturerhöhung von 10 K/min. Gegenübergestellt wurde die Mahlung in einer Mörsermühle bei 100 U·min^{-1} und 30-minütiger Mahldauer sowie zwei Siebfraktionen aus diesem Glaspulver mit Partikeldurchmessern < 32 µm bzw. < 20 µm.

Im Verlauf der Sinterung, zu sehen an der Veränderung der Schattenbildgröße des Pulverpresslings bei kontinuierlich ansteigender Temperatur, sind mehrere Phänomene zu beobachten. Das Pulver der Siebfraktion < 20 µm mit dem insgesamt feinsten Korn (grüne Kurve) zeigt einen früher einsetzenden Sinterbeginn auf, was an der deutlichen Verkleinerung der Schattenbildfläche ab T = 373 °C zu erkennen ist. Im Bereich von T = 386 °C beginnt die Sinterung der beiden anderen Glaspulver (blaue und rote Kurve). Am Endpunkt der Kurvenverläufe ist der Fließpunkt bei $T_{Fließ}$ zu erkennen, welcher das Abbruchkriterium der erhitzungsmikroskopischen Messung darstellt. Abhängig von der Partikelgröße ist hier ein eindeutiger Trend zu beobachten. Das Glaspulver der Siebfraktion < 20 µm, welches das insgesamt feinste Korn aufweist, beginnt bereits bei 597 °C zu fließen, gefolgt von der Siebfraktion < 32 µm bei 609 °C und dem ungesiebten Mahlgut bei 616 °C. Folglich gibt es eine Korrelation zwischen dem Aufschmelzverhalten des Glaspulvers und dessen Partikelgröße.

Alle drei Pulverproben haben eine Gemeinsamkeit, die kurz vor dem Fließpunkt bei $T_{Fließ}$ zu erkennen ist, nämlich eine Vergrößerung der Schattenbildfläche während des Sinterns des Pulverpresslings. Diese Vergrößerung ist am deutlichsten am stark ausgeprägten Peak der Siebfraktion < 20 µm (grüne Kurve) zu erkennen, welche bereits bei 475 °C beginnt und eine Vergrößerung des Pulverpresslings um 80 % bezogen auf die Ausgangsgröße zur Folge hat. Deutlich schwächer und weniger stark ausgeprägt sind die Peaks bei den grobkörnigeren Pulvern.

Diskussion

Der Grund für die Vergrößerung des Pulverpresslings vor dem Fließpunkt liegt in einem Aufblähprozess, der während des Sinterns stattfindet. Hierbei steigen Gaseinschlüsse auf, die sich in den Zwischenräumen der einzelnen Glaspartikel befinden. Dies ist stark abhängig von der Größe der Gaseinschlüsse und dem damit verbundenen Innendruck. Je feiner das Mahlgut ist, desto kleiner sind die Leerräume zwischen den Glaspartikeln. Dementsprechend bewegt sich beim Sintern eine Großzahl feinster Gaseinschlüsse an die Grenzfläche zwischen Glasschmelze und Umgebungsluft. Da bei kleinen Blasen das Oberflächen-zu-Volumen-Verhältnis groß ist und den Blasen beim Aufstieg mehr Widerstand der Flüssigkeit entgegenwirkt, steigen kleine Blasen entsprechend langsamer auf. Demzufolge können die größeren Gaseinschlüsse beim Sintern der grobkörnigen LS 35/13-Glaspulver (MM100_0,5, d_{90} = 235,40 µm sowie Siebfraktion < 32 µm) schneller aufsteigen. Aus der

Vielzahl der kleinen und langsam aufsteigenden Gaseinschlüsse der Siebfraktion < 20 µm bei der Sinterung ergibt sich eine ausgeprägte Oberflächenvergrößerung des Pulverpresslings.

Wie aus Abbildung 29 geschlussfolgert werden kann, sintern Pulver mit geringerer Partikelgröße früher und beginnen eher zu fließen, so auch die GP 19 in Abbildung 28. Ferner wird durch den sechsstündigen Mahlprozess in der PKM ein an den Kanten abgerundetes Korn (Abbildung 27 (b)) erzeugt, was wiederum die Schüttdichte des Glaspulvers erhöht. Dementsprechend stehen im Vergleich zu GP 16 mehr Pulverpartikel miteinander in Kontakt, wodurch die Sinteraktivität erhöht wird. Diese Faktoren tragen zu einer Absenkung der Verglasungstemperatur der Schichten von ca. 30 °C bei. Während GP 19 bereits bei T = 560 °C nahezu defektfrei verglast werden kann, ist bei GP 16 eine Verglasungstemperatur von T ≥ 590 °C notwendig.

Eine möglichst enge Kornverteilung aus abgerundeten Partikeln ist anzustreben, wobei die Partikelverteilung idealerweise gleichverteilt ist. Ein hoher Feinkornanteil, wie am Beispiel der Mahlung RKM0,3_3500_2 dargestellt, fördert die Tendenz zur Kristallisation deutlich. Begründet werden kann dieses Verhalten damit, dass die große Oberfläche des Feinkorns die Anlagerung von Adsorbaten aus der Umgebungsluft begünstigt. Gerade die Bildung einer Hydrathülle um die Partikel führt zu Grenzflächenreaktionen, wobei die entstehenden Reaktionsprodukte wiederum den Kristallisationsprozess fördern.

5.4.2 Gegenüberstellung von Störfaktoren im Verglasungsprozess

Um die optische Qualität der hergestellten Glasschichten beurteilen zu können, sind mikro- und makroskopische Untersuchungen nötig. Nur so lassen sich Aussagen darüber treffen, ob die Glasmatrix für eine spätere Streuschicht in der OLED geeignet ist.

In Abbildung 30 sind einige manuell hergestellte Glasschichten nach dem Verglasungsprozess im Muffelofen dargestellt. Die Proben (a)-(c) zeigen verschiedene Fehler, die beim Verglasen der Schichten aufgetreten sind, wie z.B. eine Vergrauung der Schicht (a), welche durch Reduktionsreaktionen in der Glasmatrix entstehen, und Blasen (b). In (c) sind nach weiterer Vergrößerung Kristalle zu erkennen. Die polarisationsmikroskopischen Aufnahmen in der

Mitte der Abbildung 30 zeigen exemplarisch die aufgetretenen Ausprägungsformen der Kristallite auf, wobei sowohl nadel- und stabförmige als auch quadratische und rechteckige Formen beobachtet wurden. Gerade oberflächennahe Blasen oder nadelförmige Kristalle, welche aus der Schicht herausragen, können in der OLED zu Kurzschlüssen führen und sind daher ein Ausschlusskriterium. Aus diesem Grund wurde das Temperaturregime zur Verglasung so eingestellt, dass die Schicht möglichst blasen- und kristallfrei ist (Abbildung 30 (d)). Mikro- und makroskopische Beurteilungen zu einigen manuell hergestellten Glasschichten aus den unter Kapitel 3.3.2.1 und 3.3.2.2 beschriebenen Spezialglassystemen sind in Kapitel 5.4.3 zu finden.

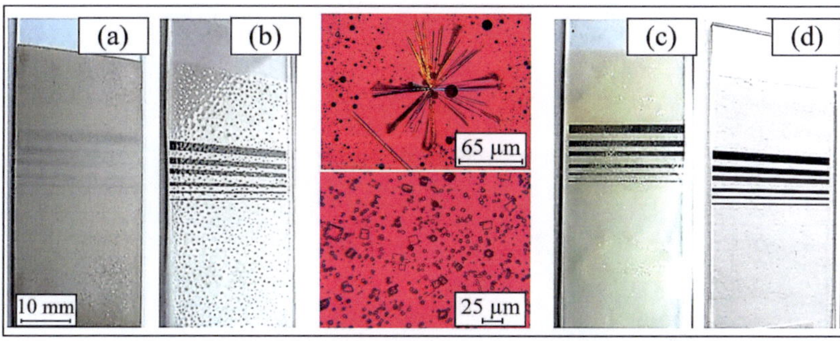

Abbildung 30: Makroskopische Betrachtung manuell hergestellter Glasschichten nach dem Verglasungsprozess im Muffelofen[49]: (a) vergraute Glasschicht aus LS 42/14 (44TeO_2-28B_2O_3-20ZnO-8Li_2O (mol-%)); T = 560 °C, 10 K/min, t = 20 min, (b) Blasenbildung bei LS 52/14 (24Bi_2O_3-31,5B_2O_3-2,5SiO_2-22,5ZnO-7SrO-12,5BaO (mol-%)); T = 590 °C, 10 K/min, t = 20 min, (c) Kristallbildung bei LS 52/14; T = 520 °C, 10 K/min, t = 240 min, (d) fehlerfreie Glasschicht aus LS 35/13 (25Bi_2O_3-33B_2O_3-4,5SiO_2-25,5ZnO-4SrO-8BaO (mol-%)); T = 590 °C, 10 K/min, t = 60 min. Die polarisationsmikroskopischen Aufnahmen in der Mitte zeigen exemplarisch die aufgetretenen Ausprägungsformen der Kristalle (oben: nadel- und stabförmig, unten: quadratisch und rechteckig) und Blasen (oben: kreisförmig).

[49] Anhand der schwarzen Striche im Hintergrund wird die Transparenz der Glasschichten verdeutlicht.

Verfärbung TeO_2-haltiger Glasschichten

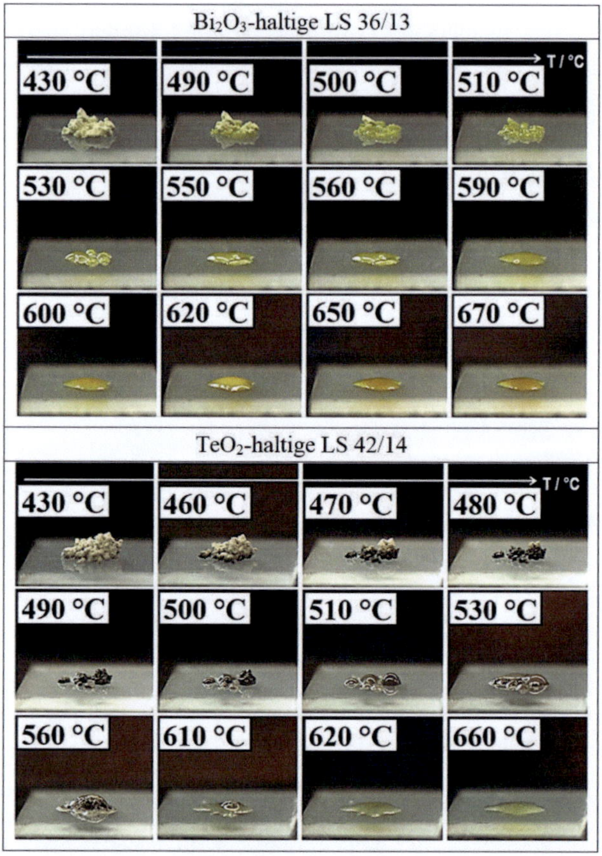

Abbildung 31: Gegenüberstellung des Sinterverhaltens der Bi_2O_3-haltigen LS 36/13 (oben) und der TeO_2-haltigen LS 42/14 (unten) beim Aufheizen des reinen Glaspulvers auf einer Keramikheizplatte (Heizrate: 10 K/min). Während LS 36/13 keine Farbänderung aufzeigt, tendiert LS 42/14 bei Temperaturen > 460 °C zu erheblicher Schwarzfärbung, wohingegen bei Temperaturen > 610 °C ein Entfärbungsprozess beginnt.

Die Glasschichten verfärbten sich ausschließlich bei TeO_2-haltigen Glasmatrices, wohingegen die Bi_2O_3-haltigen dieses Phänomen nicht aufwiesen. Abbildung 31 zeigt in einer Gegenüberstellung das Sinterverhalten der Bi_2O_3-haltigen LS 36/13 (oben) und der TeO_2-haltigen LS 42/14 (unten) auf. Hierbei wurde ausschließlich das Glaspulver einer Siebfraktion < 32 µm auf einem Quarzglasträger appliziert und mit einer Keramikheizplatte erhitzt. LS 36/13 weist während des gesamten Sinterverlaufs keinerlei Farbänderung auf, während sich die pulverförmige LS 42/14 bei 460 °C zu verfärben beginnt. Diese Schwarzfärbung ist reversibel, da bei einer Temperatur > 610 °C eine Entfärbung stattfindet. Da sich das Kalk-Natron-Silicatglas der OLED jedoch bereits ab 600 °C zu verformen beginnt, ist die Erzeugung einer farblosen transparenten Schicht mit diesem feinkörnigen Glaspulver in einem Muffelofen unter Raumluftatmosphäre nicht zu erreichen.

Weiterführende Versuche ergaben, dass die Verfärbungen der Glasschichten sehr stark von der Partikelgröße des Glaspulvers (Abbildung 32) sowie der Ofenatmosphäre beim Verglasen (Abbildung 33) abhängig sind.

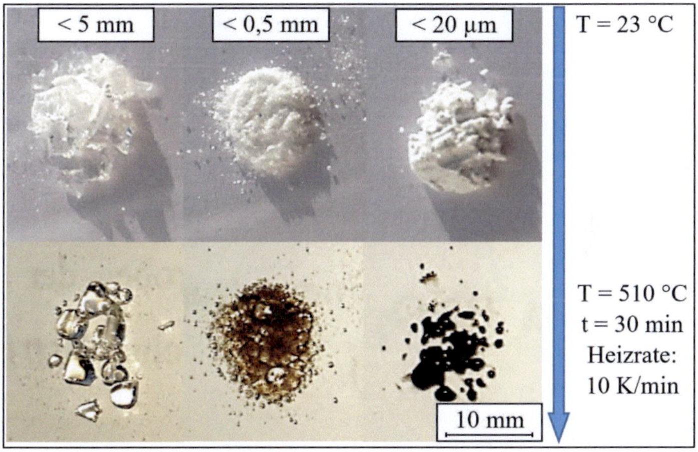

Abbildung 32: Verfärbungsneigung der TeO_2-haltigen LS 42/14 in Abhängigkeit von der Partikelgröße des Glaspulvers bei einer Verglasungstemperatur von T = 510 °C, einer Haltezeit von 30 min und einer Heizrate von 10 K/min. Die Verglasung wurde in einem Muffelofen bei Raumluftatmosphäre durchgeführt.

Der in Abbildung 32 dargestellte Vergleich verdeutlicht, dass trotz gleicher Verglasungsparameter (T = 510 °C, t = 30 min, Heizrate: 10 K/min) Glaspulver identischer Zusammensetzung, aber unterschiedlicher Partikelgröße, verschiedene Verfärbungsgrade zeigen. Während sehr grobe Glasfragmente der

LS 42/14 (< 5 mm) nach dem Verglasungsprozess farblos und transparent erscheinen, verfärben sich Partikel, welche um den Faktor zehn kleiner sind, bereits deutlich dunkelbraun. Eine Siebfraktion < 20 µm erscheint nach dem Ofenprozess bereits schwarz und opak mit glasigem Glanz.

Da bei der Verarbeitung des Glaspulvers zu einer rakelfähigen Paste ein Dreiwalzwerk zum Einsatz kommt (Kapitel 4.4), welcher die Partikel auf eine Endfeinheit ≤ 5 µm verarbeitet, ist eine farblose transparente Schicht bei einer Verglasungstemperatur < 600 °C nicht zu erwarten.

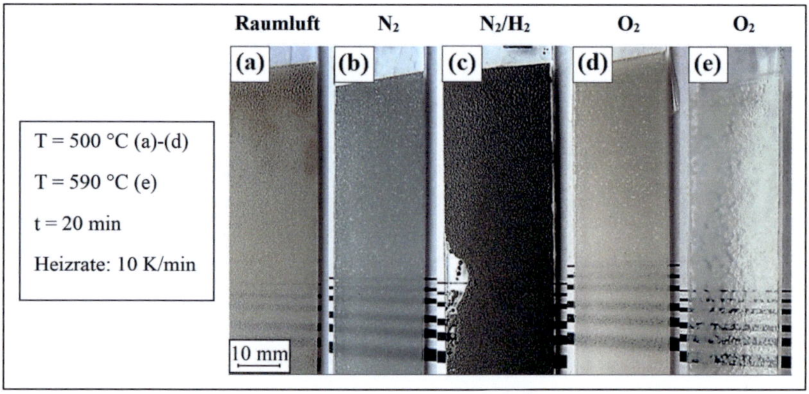

Abbildung 33: Verfärbungserscheinungen an Glasschichten[50] der TeO_2-haltigen LS 42/14 in Abhängigkeit von der Atmosphäre im Rohrofen: (a) T = 500 °C, 10 K/min, t = 20 min bei Raumluftatmosphäre, (b) T = 500 °C, 10 K/min, t = 20 min bei N_2-Atmosphäre, (c) T = 500 °C, 10 K/min, t = 20 min bei 95 % N_2/5 % H_2-Atmosphäre, (d) T = 500 °C, 10 K/min, t = 20 min bei O_2-Atmosphäre, (e) T = 590 °C, 10 K/min, t = 20 min bei O_2-Atmosphäre.

Um mögliche Einflussfaktoren auf die Verfärbung von TeO_2-haltigen Glaspulvern zu klären, wurden manuell applizierte Glasschichten in einem Rohrofen bei gleichen Ofenparametern und unterschiedlichen Atmosphären verglast. Bei einer Verglasungstemperatur von T = 500 °C und einer Haltezeit

[50] Anhand der schwarzen Striche im Hintergrund wird die Transparenz der Glasschichten verdeutlicht.

von t = 20 min wurde neben der standardmäßigen Raumluftatmosphäre (Abbildung 33 (a)) sowohl eine reaktionsträge N_2-Atmosphäre (b) und reduzierende Formiergasatmosphäre 95 % N_2/5 % H_2 (c) verwendet, als auch eine oxidierende O_2-Atmosphäre bei T = 500 °C (d) und T = 590 °C (e). Um etwaige Reaktionen des Glaspulvers bei der Herstellung der Paste mit 1,3-Butandiol zu vermeiden, wurde das Pulver in deionisiertem Wasser dispergiert und mit identischer Schichtdicke (20 µm) auf Objektträger appliziert.

Ausgehend von der braun verfärbten Glasschicht unter Raumluftatmosphäre in Abbildung 33 (a) zeigt die unter reduzierenden Bedingungen verglaste Schicht (c) eine Tendenz zur Verdunklung, wohingegen oxidierende Verhältnisse während der Verglasung eine Aufhellung der Schicht verursachen (Abbildung 33 (d) und (e)).

Diskussion

Die Reduktion von Te^{4+} bis hin zu metallischem Te^0 in Form von Nanopartikeln ist ursächlich für die Dunkelfärbung TeO_2-haltiger Gläser und Glaspulver [24; 54; 63]. Dies wird durch die Aufschmelzversuche bei unterschiedlichen Ofenatmosphären deutlich, wobei sich oxidierende Atmosphären aufhellend auf die Glasschicht auswirken und somit dem Reduktionsprozess entgegenwirken. Es wird vermutet, dass der starke Verdunklungseffekt, in Abhängigkeit vom Partikeldurchmesser des Glaspulvers, wie es in Abbildung 32 zu sehen ist, auf Adsorbate aus der Umgebungsluft zurückzuführen ist. Mit zunehmender Feinheit steigt die aktive Oberfläche des Glaspulvers stark an, wobei organische Bestandteile der Luft großflächig adsorbieren können. Diese Adsorbate müssen wiederum beim Sintern des Glaspulvers zusätzlich verbrannt werden, wobei sie dem Glasgefüge den zur Verbrennung benötigten Sauerstoff entziehen und das im Glas gebundene Te^{4+} somit reduzieren. Abhängig von der Menge an adsorbierten organischen Bestandteilen läuft die Reduktion mehr oder minder stark ab, was sich in der unterschiedlichen Ausprägung der Dunkelfärbung manifestiert. Sind ab einer bestimmten Temperatur alle organischen Adsorbate verbrannt, ist bei weiterer Temperaturerhöhung eine Aufhellung des gesinterten Glaspulvers erkennbar. Im vorliegenden Glassystem der LS 42/14 ist dieser Umschlagpunkt bei T > 610 °C zu beobachten (Abbildung 31, unten).

5.4.3 Verglasungseigenschaften synthetisierter Spezialgläser

Nachdem nicht alle in dieser Arbeit synthetisierten Gläser und deren Verglasungseigenschaften in Gänze diskutiert werden können, fasst Tabelle 11 die getesteten Spezialglassysteme zusammen und gibt stichpunktartig das Verhalten bei der Glasschichterzeugung wider.

Tabelle 11: Übersicht der Spezialglassysteme, welche als manuelle Rakelschichten auf Objektträgern appliziert wurden, um die potentielle Eignung als Siebdruckschicht für OLED-Streuschichten zu prüfen (✓ geeignet, X ungeeignet). Angegeben sind die verwendeten Partikelfraktionen der Glaspulver, die bevorzugten Verglasungsparameter sowie die mikro- und makroskopischen Beurteilungen von Kristallen und Blasen in den Glasschichten (- nicht vorhanden, O vereinzelt sichtbar, + stark ausgeprägt).

LS	Glassystem	Partikelfraktion	Bevorzugte Verglasungstemperatur/ Haltezeit	Kristalle	Blasen	Eignung
			Bi_2O_3-haltige Spezialglassysteme			
22/13	B:BSZ-Na_2O-Sb_2O_3	< 32 µm	Keine Verglasung bei T < 600 °C			X
34/13	B:BSZ-BaO	< 20 µm	560 °C/40 min	O	-	✓
34/13	B:BSZ-BaO	< 32 µm	590 °C/40 min	O	-	✓
35/13	B:BSZ-SrO-BaO	< 20 µm	560 °C/40 min	O	-	✓
35/13	B:BSZ-SrO-BaO	< 32 µm	590 °C/40 min	O	-	✓
67/14	B:BSZ-SrO-BaO	< 20 µm	590 °C/120 min	O	+	X
09/14	B:BSZ-SrO-BaO-Al_2O_3	< 20 µm	590 °C/20 min	+	O	X
18/14	B:BSZ-SrO-BaO-MgO	< 20 µm	560 °C/20 min	O	O	✓
53/14	B:BSZ-Li_2O-Al_2O_3	< 32 µm	590 °C/20 min	-	O	X
70/14	Bi_2O_3-B_2O_3-GeO_2-ZnO	< 20 µm	Keine Verglasung bei T < 600 °C			X

LS	Glassystem	Partikel-fraktion	Bevorzugte Verglasungs-temperatur/ Haltezeit	Kristalle	Blasen	Eignung
			Bi_2O_3/TeO_2-haltige Spezialglassysteme			
66/14	Bi_2O_3-TeO_2-B_2O_3-SiO_2-ZnO-SrO-BaO	< 32 µm	Keine Verglasung bei T < 600 °C			X
			TeO_2-haltige Spezialglassysteme			
25/14	TeO_2-B_2O_3-ZnO	< 20 µm	590 °C/20 min	-	+	X
37/14	TeO_2-B_2O_3-GeO_2-ZnO	< 20 µm	590 °C/20 min	-	+	X
42/14	TeO_2-B_2O_3-ZnO-Li_2O	< 20 µm	590 °C/20 min	+	-	X
02/15	TeO_2-B_2O_3-ZnO-SrO-BaO-Li_2O	< 20 µm	590 °C/20 min	-	-	X
03/15	TeO_2-B_2O_3-SiO_2-ZnO-SrO-BaO-Li_2O	< 20 µm	590 °C/20 min	O	+	X
			Sb_2O_3-haltiges Spezialglassystem			
60/14	Sb_2O_3-B_2O_3-GeO_2	< 20 µm	590 °C/180 min	-	O	X

Aus Tabelle 11 ist ersichtlich, dass aus einer Vielzahl der synthetisierten Spezialglassysteme insbesondere LS 34/13, LS 35/13 (GP 16 und 19, ab Kapitel 5.6.2) und LS 18/14 (Kapitel 5.5) als Matrixgläser für die Erzeugung von OLED-Streuschichten geeignet sind. Gerade diese Bi_2O_3-haltigen Glassysteme lassen sich ab einer Verglasungstemperatur von 560 °C nahezu defektfrei verarbeiten und weisen Schichtoberflächen mit geringen Rauheitswerten und hoher Brillanz auf. Mit einer Halbkugeltemperatur (Kapitel 4.6.4) von 542 °C bei LS 34/13 respektive 532 °C bei LS 35/13 ist eine Verglasung bei substratschonenden Bedingungen möglich. Im Gegensatz dazu konnten die Glaspulver aus den Laborschmelzen LS 22/13, LS 70/14 und LS 66/14 aufgrund einer Halbkugeltemperatur ≥ 600 °C nicht verglast werden. Hier ist eine Grenztemperatur erreicht, bei deren Überschreitung eine Erweichung des späteren OLED-Substrats die Folge wäre. Ein WAK von $\alpha_{20\text{-}300\,°C} = 9{,}5 \cdot 10^{-6}\,K^{-1}$ für LS 34/13 und 35/13 führte zu keiner Verformung der Objektträger oder Rissbildung in der Schicht, wohingegen LS 53/14 mit $\alpha_{20\text{-}300\,°C} = 9{,}6 \cdot 10^{-6}\,K^{-1}$ bereits zu einer ausgeprägten Rissbildung neigte.

Bezüglich der TeO_2-haltigen Glasschichten konnte bei den Systemen LS 25/14, LS 37/14 und LS 42/14 die bereits unter Kapitel 5.4.2 besprochene Dunkelfärbung beim Verglasen festgestellt werden. Diese ist jedoch bei den TeO_2-haltigen Glasschichten mit Beimengungen von SrO und BaO wie bei LS 02/15 und LS 03/15 nicht beobachtbar. Gerade bei den beiden letztgenannten Systemen fällt jedoch eine starke Rissbildung in der Glasschicht beim langsamen Abkühlen nach dem Verglasungsprozess auf, was auf den hohen WAK von $\alpha_{20\text{-}300\,°C} = 11{,}0 \cdot 10^{-6}\,K^{-1}$ bei LS 03/15 bzw. $11{,}5 \cdot 10^{-6}\,K^{-1}$ bei LS 02/15 zurückzuführen ist.

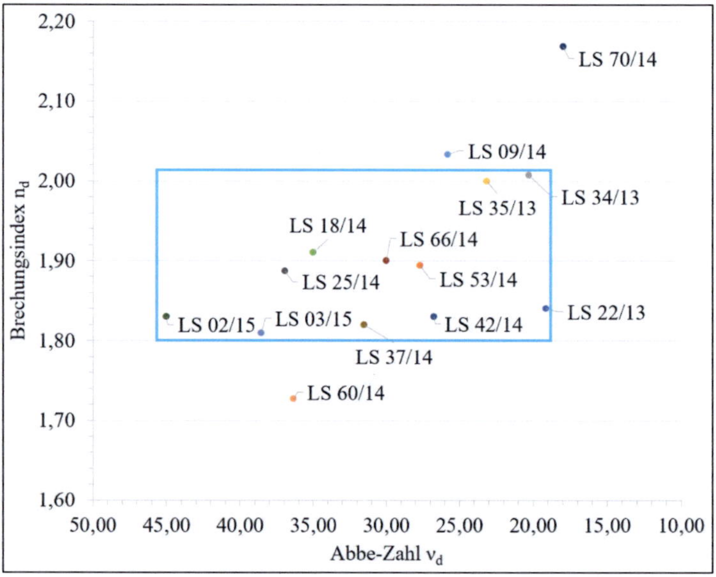

Abbildung 34: Optische Lage synthetisierter Flintgläser für die Glasmatrixherstellung von OLED-Streuschichten, dargestellt in einem Abbe-Diagramm. Im blauen Rechteck befinden sich alle Spezialgläser, welche einen ITO-kompatiblen Brechungsindex $n_d = 1{,}90 \pm 0{,}1$ aufweisen.

Die Forderung nach einer möglichst präzisen Brechzahlanpassung des Matrixglases an die ITO-Anode (Kapitel 3.3.1) konnte durch die ausgewählten Spezialglassysteme gewährleistet werden. Mit Ausnahme der LS 09/14, LS 60/14 sowie LS 70/14 lagen alle untersuchten Gläser mit ± 0,1 um den hohen Brechungsindex der ITO-Anode von $n_d = 1{,}90$ (blaues Rechteck im Abbe-Diagramm, Abbildung 34). Durch die optische Lage der synthetisierten Kompaktgläser im Abbe-Diagramm ist zu erkennen, dass es sich ausschließlich um Flintgläser mit mittleren bis hohen Dispersionswerten handelt. Der Zusammenhang zwischen Lichtbrechung und Dispersion wurde bereits unter Kapitel 3.2.3.1 ausführlich erläutert.

Diskussion

Zu jedem Spezialglassystem müssen individuelle Parameteranpassungen getroffen werden, um eine möglichst optimale Verglasung der Schicht auf dem Substrat gewährleisten zu können. Bei einer zu kurz eingestellten Haltezeit können Blasen häufig nicht schnell genug aufsteigen und bleiben in der Schicht eingefroren, während eine zu lang gewählte Haltezeit Kristallisationen begünstigt. Die Kristallisationsstabilität wiederum kann beispielsweise durch die glasbildende Komponente SiO_2 bei einer Beimengung > 2,5 mol-% im Gemenge deutlich verbessert werden, da diese durch die starke Si-O-Bindung zur Verfestigung des Netzwerks beiträgt. Dies konnte durch die in Tabelle 10 bereits beschriebene LS 60/14 bestätigt werden. Die dem SiO_2 in ihrer Struktur und Wirkungsweise ähnliche Komponente GeO_2 inhibierte durch die Ausprägung starker Bindungen im Glasnetzwerk die Kristallisation. Hierbei musste eine Verglasungszeit von 180 min gewählt werden, um eine blasenfreie Schicht zu gewährleisten. Durch einen WAK von $\alpha_{20\text{-}300\,°C} = 11{,}8 \cdot 10^{-6}\ K^{-1}$ kam es jedoch zu einer starken Verformung des Objektträgers. Übertragen auf die OLED-Herstellung würde ein WAK dieser Größenordnung zu einer Verkrümmung des Substrats führen, wodurch eine Prozessierung nicht mehr durchgeführt werden könnte.

5.5 Hocheffiziente, thermisch angepasste Streuschichten

Die in diesem Kapitel vorgestellten Resultate sind Forschungsergebnisse, welche bereits im Rahmen einer Patentanmeldung [91] eingereicht wurden. Neben der bisher beschriebenen Veränderung der chemischen Gemengezusammensetzung wird nachfolgend ein konsekutiver Ansatz besprochen, in dem eine Anpassung des WAK durch amorphe SiO_2-Füllstoffe erfolgt.

Die Problemstellung des gegenläufigen Verhaltens zwischen der Transformationstemperatur T_g und dem WAK $\alpha_{20\text{-}300\,°C}$, wie es in Abbildung 23 (a) anhand der Bi_2O_3-haltigen LS 35/13 zu sehen ist, wird durch die in dieser Patentanmeldung beschriebenen Maßnahmen gelöst. Aus der Grafik ist erkennbar, dass mit steigender Bi_2O_3-Konzentration die Transformationstemperatur T_g sinkt und der Wärmeausdehnungskoeffizient deutlich ansteigt. Dieses Verhalten erschwert es, ein Glas zu finden, welches einen substratkompatiblen WAK besitzt und gleichzeitig bei möglichst niedrigen Temperaturen auf das Substratglas aufgeschmolzen werden kann. Für diesen Konflikt werden folgend amorphe SiO_2-Füllstoffe eingesetzt, um den WAK der Glasmatrix durch den Füllstoff selbst zu senken, ohne dabei die Transformationstemperatur der Glasmatrix zu beeinflussen.

Bei diesen Füllstoffen handelt es sich um hochreines sphärisches Siliziumdioxid mit einem bevorzugten Durchmesser von 1-3 µm, welches gleichzeitig als Streukörper fungiert. Hervorzuheben ist der niedrige WAK des amorphen SiO_2-Füllstoffs ($\alpha_{20\text{-}300\,°C} = 0{,}5 \cdot 10^{-6}\ K^{-1}$), welcher den WAK des Matrixglases deutlicher senkt als ein Füllstoff mit höherem WAK. Dadurch führt eine kleinere Menge an amorphem SiO_2 als Füllstoff bereits zu einer merklichen Reduzierung des WAK der Streuschicht. TiO_2 als typischer Streuer ($\alpha_{20\text{-}300\,°C} = 7{,}1\text{-}9{,}2 \cdot 10^{-6}\ K^{-1}$ [71])[51] oder auch Al_2O_3 ($\alpha_{20\text{-}300\,°C} = 7{,}0 \cdot 10^{-6}\ K^{-1}$) senken den WAK unwesentlich bzw. es wird eine große Menge an Füllstoff benötigt. Da der Füller gleichzeitig als Streuer wirkt, darf der Anteil in der Glasmatrix nicht zu hoch werden, da ansonsten die Streuung zu groß wird,

---

[51] TiO_2 wird hier in der Modifikation des Rutils betrachtet. Rutil ist anisotrop, d.h. die Wärmeausdehnung ist richtungsabhängig, weshalb ein WAK-Bereich von $\alpha_{20\text{-}300\,°C} = 7{,}1\text{-}9{,}2 \cdot 10^{-6}\ K^{-1}$ angegeben wird [71].

was die Lichtextraktion wieder senkt und zu einer geringeren Lichtauskopplung aus dem Bauelement führt. Amorphes SiO_2 ist ganz besonders geeignet, da es die Strahlung nicht absorbiert, sondern effektiv streut, und sich der Brechungsindex des amorphen SiO_2-Füllstoffs deutlich von der Glasmatrix (n_d (SiO_2 amorph) = 1,46; n_d (Glasmatrix LS 18/14) = 1,90) unterscheidet. Je größer der Unterschied in der Brechzahl von Glasmatrix und Füllstoff ist, umso stärker ist die Streuung und desto weniger Füllstoff darf eingebracht werden, um eine optimale Streuung zu erzielen. Ein kleiner Brechzahlunterschied zwischen Streuer und Glasmatrix hat sich als positiv erwiesen, um eine möglichst hohe Vorwärtstransmission bei vergleichbarer Streuung (*Haze*, Formel (3-13)) zu erzielen. Die ausführliche Erläuterung zu den Ergebnissen der optischen Untersuchungen erfolgt in Kapitel 5.6.1.

Die Tabelle 12 sowie Abbildung 35 fassen die Auswirkungen des eingebrachten amorphen SiO_2-Füllstoffs auf die Transformationstemperatur T_g und den WAK in Abhängigkeit von der SiO_2-Füllstoffkonzentration (Vol.-%) in der Bi_2O_3-haltigen Glasmatrix LS 18/14 ($16Bi_2O_3$-$33B_2O_3$-$0{,}5SiO_2$-27,5ZnO-3SrO-16BaO-4MgO (mol-%)) (Tabelle 11) zusammen. Es sind zwei Ausführungsbeispiele A1 mit 25,0 Vol.-% SiO_2-Füllstoff und A2 mit 35,0 Vol.-% dargestellt, im Vergleich dazu LS 18/14 als Grundglasmatrix ohne eingebrachten Füllstoff. Die Grundglasmatrix weist eine Transformationstemperatur von T_g = 430 °C und einen Wärmeausdehnungskoeffizienten von $\alpha_{20\text{-}300\,°C} = 10{,}0 \cdot 10^{-6}\ K^{-1}$ auf.

Tabelle 12: Übersicht zur Auswirkung des eingebrachten amorphen SiO_2-Füllstoffs auf die Transformationstemperatur T_g und den WAK in Abhängigkeit von der SiO_2-Füllstoffkonzentration (Vol.-%) in der Bi_2O_3-haltigen Glasmatrix LS 18/14 ($16Bi_2O_3$-$33B_2O_3$-$0{,}5SiO_2$-27,5ZnO-3SrO-16BaO-4MgO).

Glas	Glassystem (mol-%)	SiO_2-Füllstoffkonzentration Vol.-%	T_g (°C)	WAK $\alpha_{20\text{-}300\,°C}$ ($10^{-6}\ K^{-1}$)
LS 18/14	$16Bi_2O_3$-$33B_2O_3$-$0{,}5SiO_2$-27,5ZnO-3SrO-16BaO-4MgO	0,0	430	10,0
A1	LS 18/14	25,0	432	8,5
A2	LS 18/14	35,0	431	7,4

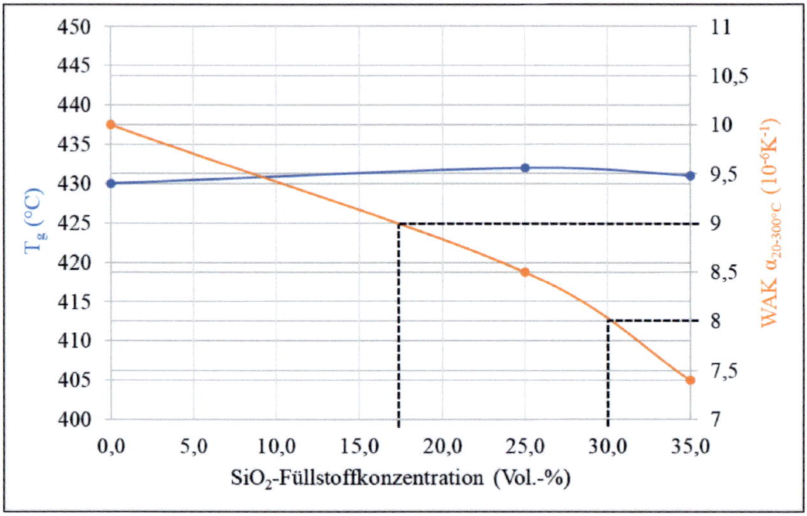

Abbildung 35: Graphische Darstellung dilatometrischer Messergebnisse zur Klärung der Abhängigkeit der Transformationstemperatur T_g (blaue Kurve) und des WAK (orange Kurve) von der SiO_2-Füllstoffkonzentration (Vol.-%) im Glassystem der LS 18/14. Die schwarzen Strichlinien markieren den Bereich des geforderten WAK von $\alpha_{20\text{-}300\,°C} = 8{,}0\text{-}9{,}0 \cdot 10^{-6}$ K^{-1}.

Aus dem Verlauf der orangen Kurve in Abbildung 35 geht hervor, dass der WAK deutlich auf bis zu $\alpha_{20\text{-}300\,°C} = 7{,}4 \cdot 10^{-6}$ K^{-1} (A2) reduziert werden kann, ohne dabei T_g nennenswert zu beeinflussen. Nach Kapitel 3.3.1 wird eine WAK-Anpassung von $\alpha_{20\text{-}300\,°C} = 8{,}0\text{-}9{,}0 \cdot 10^{-6}$ K^{-1} angestrebt, welche mit einer SiO_2-Füllstoffkonzentration von 17,5-30,0 Vol.-% erreicht wird (schwarze Markierungen in Abbildung 35). Somit ist durch den Einsatz von Füllstoffen in der Glasmatrix eine spannungsfreie Anpassung der Streuschicht an das Substrat aus Kalk-Natron-Silicatglas möglich.

5.6 Optische Untersuchungen an Glasschichten und Glasstreuschichten

Von allen getesteten Glassystemen wurden LS 34/13 (B:BSZB), LS 35/13 (B:BSZSB) sowie LS 18/14 (B:BSZSBM) als besonders erfolgversprechend für die Herstellung großflächiger Glasstreuschichten identifiziert (Kapitel 5.4.3). In den folgenden Kapiteln werden sowohl die reinen Glasschichten als auch die mit unterschiedlich hohen Streupartikelkonzentrationen durch Siebdruck hergestellten Streuschichten hinsichtlich ihrer Transmissions- und Streueigenschaften bewertet. Um einen umfassenden Vergleich zu gewährleisten und das Konzept zur effektiven Lichtauskopplung aus OLEDs überprüfen zu können, wurden neben den eigenentwickelten Glassystemen auch kommerzielle bleihaltige sowie bleifreie Streuschichtmatrices analysiert. Inwieweit eine Erhöhung der Lichtextraktion durch die eigenentwickelten und kommerziellen Glasstreuschichten erreicht wurde, zeigen abschließende elektrooptische Untersuchungen an den betriebsbereiten OLEDs in Kapitel 5.7.2.

5.6.1 Optische Eigenschaften der hocheffizienten, thermisch angepassten Streuschichten

Die Abbildung 36 zeigt die Intensität der Vorwärtstransmission in willkürlichen Einheiten *(engl. arbitrary units - a.u.)* gemessen bei 550 nm in Abhängigkeit von der Streuung, quantifiziert durch den *Haze*-Wert (Formel (3-13)) bei 550 nm für zwei verschiedene Füllstoffe. Die Ausführungsbeispiele A5 und A6 beinhalten einen TiO_2-Füllstoff, der den WAK kaum beeinflusst, während die Ausführungsbeispiele A1, A3 und A4 mit dem SiO_2-Füllstoff versetzt wurden, der den WAK deutlich senkt, ohne die Transformationstemperatur nennenswert zu erhöhen. Das Ausführungsbeispiel A1 entspricht dem Ausführungsbeispiel aus Tabelle 12. Das Ausführungsbeispiel A3 weist die Bi_2O_3-haltige Glasmatrix LS 18/14 mit 30 Vol.-% SiO_2 auf, das Ausführungsbeispiel A4 zeigt LS 18/14 mit 30 Vol.-% SiO_2 als Kugeln, in Ausführungsbeispiel A5 wurde LS 18/14 mit 3 Vol.-% TiO_2-Streuer versetzt. Im Ausführungsbeispiel A6 wird die Bi_2O_3-haltige Glasmatrix mit 4 Vol.-% TiO_2-Streuer aufgeführt.

Aus Abbildung 36 ist zu erkennen, dass bei vergleichbarer Streuung die Intensitäten der Vorwärtstransmission für Schichten mit dem amorphen SiO_2-Füllstoff (A1, A3 und A4) höher sind als die mit einem herkömmlichen TiO_2-

Füllstoff (A5, A6). Darüber hinaus ist die Vorwärtstransmission bei identischer Füllstoffkonzentration für sphärische SiO_2-Partikel intensiver. Damit kann die Auskoppeleffizienz erhöht werden.

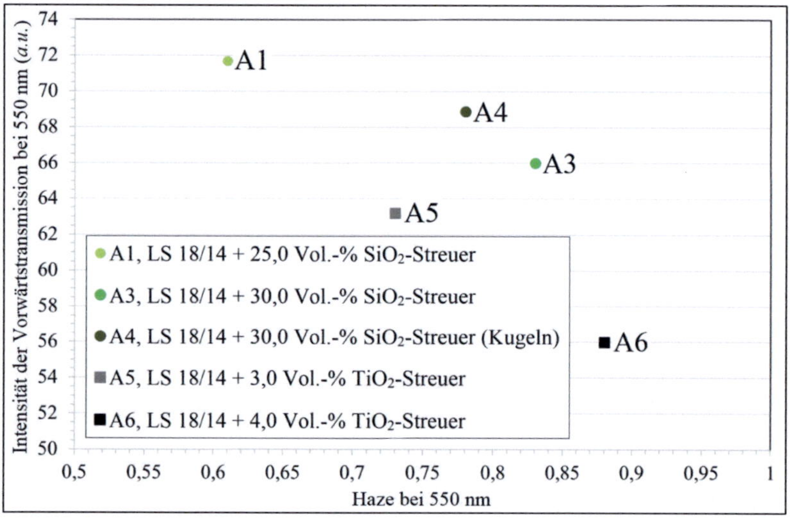

Abbildung 36: Darstellung der Intensität der Vorwärtstransmission in Abhängigkeit von der Streuung gemessen bei 550 nm für die Bi_2O_3-haltige LS 18/14. Für diese Messungen wurden Glasstreuschichten mit unterschiedlichen SiO_2- und TiO_2-Füllstoffkonzentrationen hergestellt.

In Abbildung 37 sind die *Haze*-Werte in Abhängigkeit von der Wellenlänge der Ausführungsbeispiele A1, A3, A4, A5 und A6 dargestellt. Diese Ausführungsbeispiele entsprechen denen der Abbildung 36. Aus der Grafik ist erkennbar, dass für den amorphen SiO_2-Streuer, entsprechend A1, A3 und A4, der *Haze*-Wert im sichtbaren Bereich weitgehend konstant über die Wellenlänge ist. Im Gegensatz dazu gibt es bei dem TiO_2-Füllstoff eine Abhängigkeit der Streuung von der Wellenlänge. Diese Abhängigkeit der Streuung von der Wellenlänge kann beim Einsatz der Schicht in der OLED zu Farbverschiebungen führen, die nicht erwünscht sind.

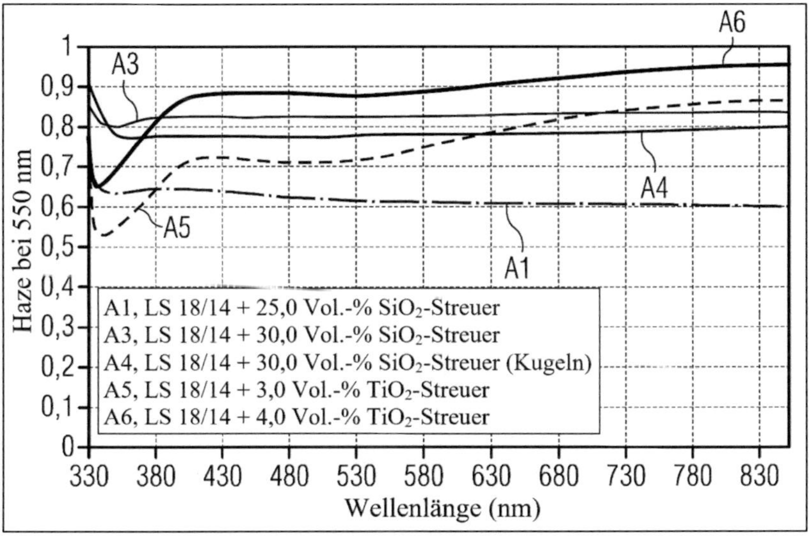

Abbildung 37: Abhängigkeit der Streuung von der Wellenlänge am Beispiel der LS 18/14, welche je nach Ausführungsbeispiel mit unterschiedlichen SiO_2- und TiO_2-Füllstoffkonzentrationen hergestellt wurde.

5.6.2 Transmissionsmessung an kommerziellen und eigenentwickelten Siebdruckschichten

In Abbildung 38 sind Transmissionsmessungen eines bleihaltigen sowie mehrerer bleifreier Gläser gegenübergestellt, welche als Glaspaste (GP) ohne Streupartikel im Siebdruckverfahren auf das OLED-Substratglas (orange) aufgebracht wurden. GP 1 und GP 12[52] stellen dabei kommerziell erhältliche Gläser dar, welche sich in einem begleitenden Benchmark als besonders geeignet herausstellten. Um das Potential bleifreier Gläser abschätzen zu können, wurde für den Vergleich der Transmissionswerte die bleihaltige Referenzmatrix GP 1 im Wellenlängenbereich von 250-850 nm analysiert. Neben der bleifreien kommerziellen GP 12 wurde die eigenentwickelte LS 35/13 ($25Bi_2O_3$-$33B_2O_3$-$4{,}5SiO_2$-$25{,}5ZnO$-$4SrO$-$8BaO$ (mol-%)) analysiert. GP 16

[52] Die kommerzielle GP 12 ist hinsichtlich ihrer Partikelgröße und -verteilung sowie der Verglasungseigenschaften mit einer PKM3_450_6-Mahlung der LS 18/14 vergleichbar. Daher sind ähnliche Resultate mit einer Glaspaste aus LS 18/14 zu erwarten.

und GP 19, beschrieben in Kapitel 5.4.1, stellen dabei jeweils eine Variante der LS 35/13 mit unterschiedlicher Partikelgröße und -verteilung dar. Die Variante GP 20 entspricht der LS 30/15 ($25{,}5Bi_2O_3$-$34B_2O_3$-$2{,}5SiO_2$-$26ZnO$-$4SrO$-$8BaO$ (mol-%)) und stellt eine SiO_2-ärmere Abwandlung von LS 35/13 dar. Hier wurde eine Kornklassierung < 20 µm gewählt. Die Siebdruckschicht aus GP 21 wurde mit einer Siebfraktion < 20 µm der LS 22/15 ($23Bi_2O_3$-$38B_2O_3$-$4SiO_2$-$24ZnO$-$4SrO$-$7BaO$ (mol-%)) hergestellt, welche eine B_2O_3-reichere Abwandlung von LS 35/13 ist.

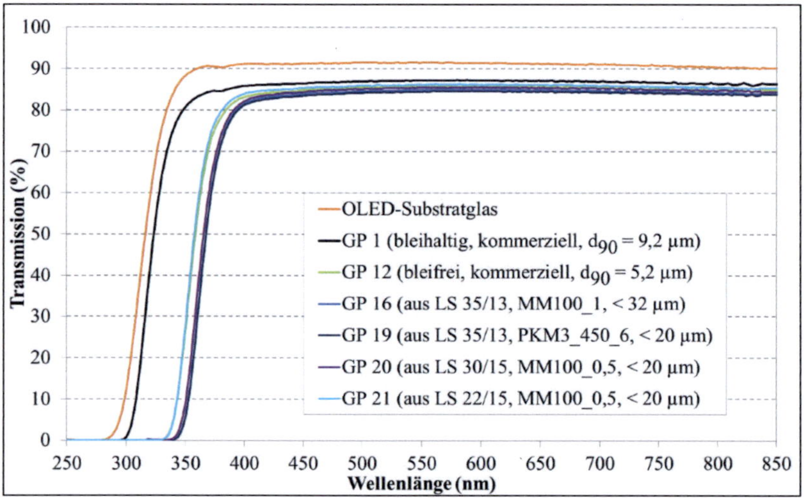

Abbildung 38: Gegenüberstellung von Transmissionsmessungen (Kugelmessungen im Bereich von 250-850 nm) an bleifreien eigenentwickelten Siebdruckschichten aus GP 16, 19, 20 und 21, kommerziellen bleihaltigen aus GP 1 und bleifreien aus GP 12. Das OLED-Substrat aus Kalk-Natron-Silicatglas, auf dem die Schichten gedruckt wurden, ist ebenfalls dargestellt.

Das OLED-Substrat (Kalk-Natron-Silicatglas) zeigt gerade im sichtbaren Spektralbereich von 380-780 nm eine hohe Transmission von > 90 %. Die eigenentwickelten bleifreien LS 35/13, LS 30/15 und LS 22/15 (GP 16, 19, 20 und 21) zeigen als Glasschichten gegenüber der bleifreien und kommerziell erhältlichen GP 12 mit Transmissionswerten von 85 % keine nennenswerten

Unterschiede. Auch die bleihaltige kommerzielle GP 1 mit ihren hervorragenden Verglasungseigenschaften weist im Vergleich mit den eigenentwickelten Gläser einen nur um etwa 2 % höheren Transmissionswert auf. Deutlich sichtbar ist jedoch die höhere UV-Durchlässigkeit des Substrats sowie der bleihaltigen GP 1 gegenüber den anderen getesteten Glaspasten, was beim Vergleich der *cut-off*-Wellenlängen von GP 1 bei ca. 300 nm und GP 12, 16, 19, 20 und 21 bei ca. 350 nm deutlich wird. Es sei hier erwähnt, dass auch GP 10 aus Abbildung 39 analysiert wurde, jedoch aufgrund einer Trübung in der Glasschicht und einer damit einhergehenden schwächeren Transmission von T = 80 % nicht in Abbildung 38 aufgenommen wurde.

Diskussion

Werden Absorptionsvorgänge aufgrund der hohen optischen Güte des Substratglases vernachlässigt, errechnet sich unter Berücksichtigung von Reflexionsverlusten (Kapitel 3.2.3.2) die maximal erreichbare Transmission nach Formel (3-9) bei senkrechtem Einfall des Lichts und einem Brechungsindex $n_d = 1,50$ zu einem Wert von 92 %. Im Falle der GP 1 befindet sich auf dem OLED-Substrat zusätzlich eine Glasschicht mit einem höheren Brechungsindex von $n_d = 1,80$, weswegen die Reflexionsverluste nach Formel (3-9) zunehmen und somit die Transmission sinkt. Gleiches gilt für die im Brechungsindex höher liegenden Glaspasten aus LS 30/15 ($n_d = 1,95$), LS 22/15 ($n_d = 1,96$) und LS 35/13 ($n_d = 2,00$).

Entscheidend für die UV-Durchlässigkeit von Gläsern ist die Wechselwirkung von Licht mit mehr oder minder gebundenen O^{2-}-Ionen im Glasnetzwerk. Die Absorption von Licht im UV-Bereich ist umso stärker, je schwächer diese O^{2-}-Ionen im Glas gebunden sind. Die im Kalk-Natron-Silicatglas bzw. in GP 1 stark gebundenen O^{2-}-Ionen wechselwirken deutlich weniger mit dem einfallenden Licht als die durch Netzwerkwandler hervorgerufenen Trennstellensauerstoffe in GP 16, 19, 20 und 21. Demzufolge werden schwächer gebundene O^{2-}-Ionen leichter angeregt, sodass die Absorption bereits bei niederenergetischer Strahlung stattfindet und somit die Absorptionskante zu höheren Wellenlängen verschoben wird [107].

5.6.3 Streuwirkung siebgedruckter Glasmatrices

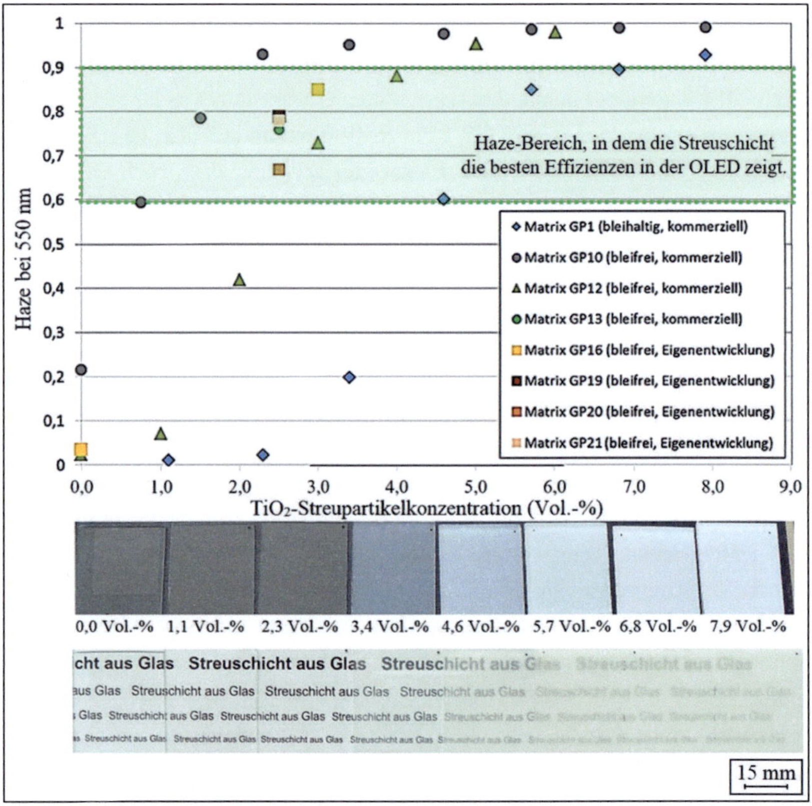

Abbildung 39: *Haze*-Werte für Streuschichten diverser Glasmatrices (bleihaltig und bleifrei) mit variabler TiO_2-Streupartikelkonzentration. Das grüne Rechteck markiert den bevorzugten *Haze*-Bereich für die optimale Streuung in den OLEDs. Im unteren Bereich ist das Aussehen der hergestellten Streuschichten mit variabler Streupartikelkonzentration am Beispiel der bleihaltigen Glasmatrix GP 1 mit n_d = 1,8 dargestellt; in Draufsicht (oben) bzw. Durchsicht (unten).

Dieses Kapitel klärt die Frage, ob sich Glasstreuschichten aus eigenentwickelten bleifreien Laborschmelzen mit bleihaltigen und bleifreien kommerziellen Gläsern hinsichtlich ihrer Streuwirkung vergleichen lassen. Um diese Frage zu klären, wurde in Abbildung 39 das Streuvermögen bei 550 nm (*Haze*) von

Glasstreuschichten aus kommerziellen bleifreien Glasmatrices basierend auf den GP 10, 12 und 13 ermittelt. GP 1 stellt die bleihaltige kommerzielle Variante dar. Ebenso wurden die Eigenentwicklungen GP 16 mit 3 Vol.-% TiO_2-Streuer und GP 19, 20 und 21 mit 2,5 Vol.-% TiO_2-Streuer versetzt und auf ihre Streueigenschaften hin analysiert. Alle hier dargestellten Streuschichten sind aus den identischen Glasmaterialien hergestellt, wie sie bereits in Kapitel 5.6.2 beschrieben wurden. Bei den Verglasungsparametern der Siebdruckschichten erfolgte eine Orientierung an den Ergebnissen der manuellen Rakelschichten aus Tabelle 11.

Die Abszisse in Abbildung 39 spiegelt von links nach rechts die steigende TiO_2-Streupartikelkonzentration wider, beginnend bei der Streupartikelkonzentration = 0 Vol.-%, welche die reine Glasmatrix ohne Streukörper beschreibt.

Sowohl mit der bleihaltigen kommerziellen Glasmatrix GP 1 als auch mit den verschiedenen bleifreien kommerziellen und eigenentwickelten Matrices gelang es, Schichten im für die Streuung optimalen *Haze*-Bereich zwischen 0,6-0,9 herzustellen. Dieser optimale *Haze*-Bereich konnte in einer elektrooptischen Messung an der bleihaltigen Streuschicht aus GP 1 ermittelt werden (Abbildung 41, grünes Rechteck). Für die eigenentwickelten Glasmatrices sowie GP 13 sind Streupartikelkonzentrationen zwischen 2,5-3,0 Vol.-% für die gewünschte *Haze*-Einstellung ausreichend. GP 12 streut bei 3,0-4,0 Vol.-% TiO_2 im für die OLED optimalen Bereich. Dem gegenüber sind zur Einstellung des gewünschten Streueffekts bei bleihaltigen Systemen höhere TiO_2-Konzentrationen von 4,6-6,8 Vol.-% nötig. Im Falle der Streuschichten mit Glasmatrix GP 10 ist bei einer Streupartikelkonzentration von 2,3 Vol.-% TiO_2 bereits eine zu hohe Streuung zu beobachten, wobei selbst die reine Glasschicht eine Streuwirkung erkennen lässt. In diesem System hat sich eine TiO_2-Streupartikelkonzentration von 1,5 Vol.-% als optimal herausgestellt.

Bei der Streuschicht aus GP 10 (Abbildung 39, grau gepunktet) fiel auf, dass bereits die Glasschicht ohne Streupartikel zur Streuung neigt (*Haze* > 0,2). Dies ist auf eine beginnende Kristallbildung zurückzuführen, die während des Verglasungsprozesses der Schicht nicht vollständig verhindert werden konnte.

5.7 OLEDs mit eingebauter Lichtauskopplungsschicht

Um demonstrieren zu können, dass die in dieser Arbeit hergestellten Glasstreuschichten zur Steigerung der Auskoppeleffizienz des Lichts aus der OLED beitragen, müssen die siebgedruckten Streuschichten in ein OLED-Bauteil integriert werden. Die Herstellung dieser OLEDs im Reinraum sowie deren elektrooptische Charakterisierung sind Teil dieses Kapitels.

5.7.1 Herstellungsprozess der OLED

In Anlehnung an den schematischen Aufbau der *bottom*-emittierenden OLED aus Abbildung 2, wurden die Bauteile wie folgt prozessiert. Ausgangspunkt der OLED-Herstellung ist das 200 x 200 mm^2 große Substrat aus Kalk-Natron-Silicatglas, welches im Siebdruckverfahren mit streupartikelhaltiger Glaspaste beschichtet wurde (Abbildung 40, links).

Alle weiteren Dünnschichten wurden vollflächig auf dem Substratglas abgeschieden. Die Anode bestand aus einer 100-130 nm dicken ITO-Schicht, welche in einem Hochvakuum-Sputterprozess (10^{-7} mbar) direkt auf die Oberfläche der Streuschicht aufgebracht wurde. Die gegenüberliegende Kathode wurde aus einer 200 nm dicken hochreflektierenden Silberschicht gefertigt. Das Kernstück der OLED bildeten zwei organische Emissionsbereiche, die über eine Ladungsträgererzeugungsschicht miteinander in Kontakt standen. Diese organischen Schichten wurden durch thermisches Verdampfen in hintereinander durchlaufenen Vakuumkammern bei Abscheidungsraten zwischen 0,01 und 0,1 nm·s^{-1} aufgebracht. Um weißes Licht erzeugen zu können, wurde eine Kombination aus einer blauen und einer phosphoreszenten gelben Emissionseinheit angewandt. Abgeschlossen wurde die OLED-Herstellung durch zwei Verkapselungsschritte. Im ersten Schritt erfolgte eine Dünnfilmverkapselung gegen Umgebungseinflüsse wie z.B. Sauerstoff oder Wasser. Anschließend wurde eine vollflächig verklebte Deckglasschicht zum Schutz gegen mechanische Einwirkungen verbaut [97].

Das nun vollflächig prozessierte OLED-Substrat wurde nach dem in Abbildung 40 (rechts) dargestellten Schema vereinzelt. Die weiß hinterlegten Bereiche entsprechen den beiden siebgedruckten Streifen mit 50 mm Breite, die in Abbildung 40 (links) dargestellt sind. Die daraus hergestellten OLEDs weisen somit eine Streuschicht auf, wohingegen die blau gekennzeichneten Randbereiche Referenz-OLEDs ohne Streuschicht darstellen.

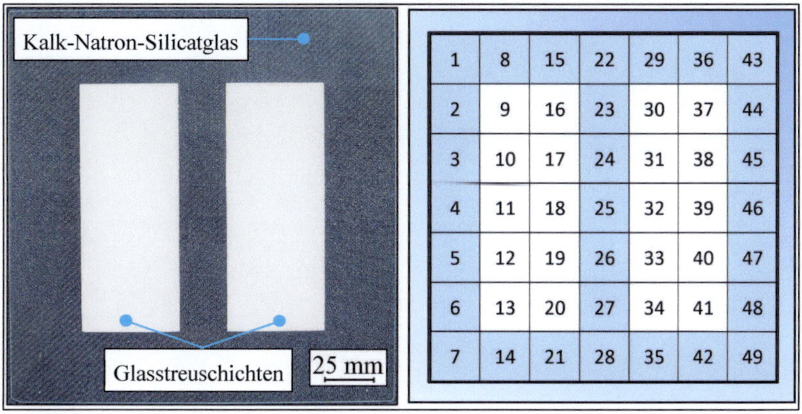

Abbildung 40: Siebdruck-Layout eines im hellen Bereich mit streupartikelhaltiger Glaspaste bedruckten Kalk-Natron-Silicatglas-Substrats der Fläche 200 x 200 mm² (links). Vereinzelungsschema einer vollständig prozessierten OLED (rechts), wobei jedes Quadrat einem OLED-Bauteil (25,0 x 25,0 mm²) entspricht. Der äußere Randbereich des Substrats wird nicht verwendet.

Es entstanden schlussendlich 49 einzelne OLED-Bauteile (25,0 x 25,0 mm²) mit einer aktiven rechteckigen Leuchtfläche von jeweils 167,6 mm² (14,2 mm x 11,8 mm[53], Abbildung 44).

5.7.2 Elektrooptische Charakterisierung von OLEDs mit Streuschicht

Die Abbildung 41 zeigt eine Gegenüberstellung des optischen Effizienzgewinns (*Gain*)[54] und des entsprechenden Streuvermögens (*Haze*)

[53] Die Abmessung der aktiven Leuchtfläche der OLED ist im Vergleich zur Gesamtfläche des Bauteils geringer, da Flächen zur Kontaktierung benötigt werden.

[54] Der Effizienzgewinn ergibt sich aus dem Vergleich mit einer unbeschichteten Referenz-OLED derselben Produktionscharge (Vereinzelungsschema in Abbildung 40, rechts).

(Kapitel 3.2.3.3) in Abhängigkeit von der Streupartikelkonzentration bei einer konstanten Stromdichte von 2 mA/cm² für die bleihaltige Glasmatrix GP 1.

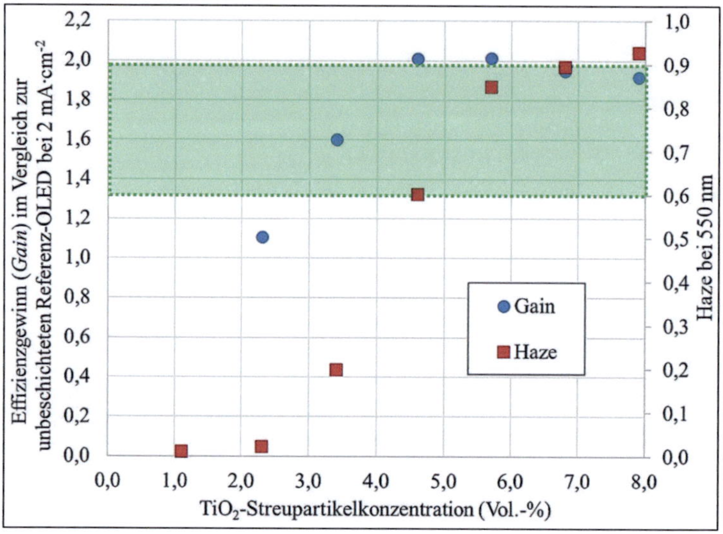

Abbildung 41: Abhängigkeit des erzielten optischen Effizienzgewinns bei einer konstanten Stromdichte von 2 mA/cm² in der OLED von der TiO_2-Streupartikelkonzentration in der bleihaltigen Glasmatrix GP 1 (blaue Punkte). Zusätzlich wurden auch die zugehörigen *Haze*-Werte in Abhängigkeit von der Streupartikelkonzentration angegeben (rote Quadrate). Das grüne Rechteck markiert den bevorzugten *Haze*-Bereich für die optimale Streuung in den OLEDs.

Die Streupartikelkonzentration steigt in Abbildung 41 von links nach rechts an. Als optimal hat sich ein *Haze* von ca. 0,6-0,9 (grünes Rechteck) bei einer TiO_2-Streupartikelkonzentration zwischen 4,6 und 5,7 Vol.-% erwiesen (rote Quadrate). Hier konnte ein Effizienzgewinn der Lichtauskopplung von 100 % nachgewiesen werden. Streut die Schicht noch stärker (*Haze* $\geq$ 0,9), dann sinkt die Auskoppeleffizienz und damit der Effizienzgewinn. Somit gibt es eine für die Streuung optimale TiO_2-Streupartikelkonzentration, welche im Falle der Matrix aus GP 1 zwischen 4,6 und 5,7 Vol.-% liegt. Für die hocheffizienten, thermisch angepassten Streuschichten aus Kapitel 5.5 liegt die optimale SiO_2-Streupartikelkonzentration zwischen 17,5 und 30,0 Vol.-% (Abbildung 35). In diesem Bereich erfolgt die geforderte WAK-Anpassung der

Glasmatrix an das Glassubstrat von $\alpha_{20\text{-}300\,°C} = 8{,}0\text{-}9{,}0 \cdot 10^{-6}\ K^{-1}$, so dass sich das Substrat beim Verglasen der Schicht nicht verbiegt. Neben der verbesserten Lichtextraktion konnte auch eine Verbesserung der Farbwiedergabe über den Winkel sowie eine gute Lichthomogenisierung erzielt werden.

Neben der bleihaltigen Streuschicht aus GP 1 wurden die bleifreien Streuschichten aus GP 10, 12 und 16 mit unterschiedlichen TiO_2-Streupartikelkonzentrationen in OLEDs bei konstanter Stromdichte von 2 mA/cm^2 gemessen (Abbildung 42).

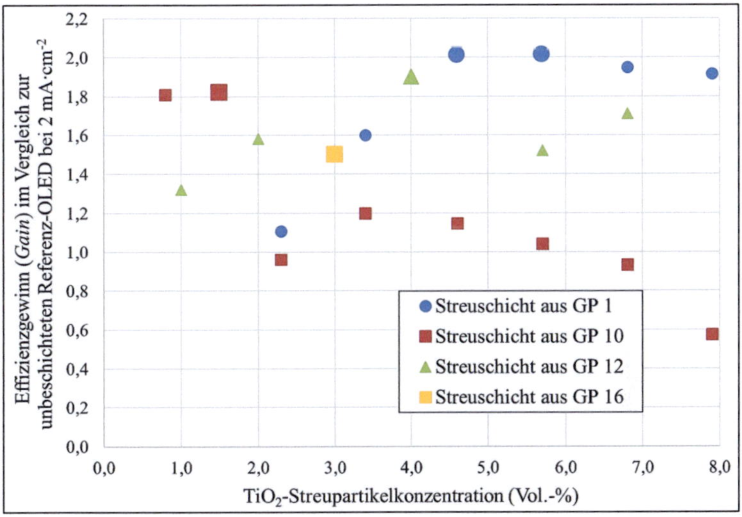

Abbildung 42: Effizienzsteigerung durch Streuschichten mit verschiedenen Glasmatrices und TiO_2-Streupartikelkonzentrationen. Die vergrößert dargestellten Datenpunkte verdeutlichen die Streupartikelkonzentration, bei welcher der höchste Effizienzgewinn erzielt werden konnte.

Bei den OLEDs mit bleifreien Glasstreuschichten konnten deutliche Effizienzgewinne nachgewiesen werden. Ein Effizienzgewinn von 50 % konnte bei der eigenentwickelten Streuschichtmatrix GP 16 mit einer TiO_2-Streupartikelkonzentration von 3,0 Vol.-% verzeichnet werden. Im Falle der GP 10 lag der Effizienzgewinn bei einer TiO_2-Streupartikelkonzentration von 1,5 Vol.-% bei 80 %. GP 12, welche mit der eigenentwickelten LS 18/14 verglichen werden kann, lag bei einer TiO_2-Streupartikelkonzentration von

4,0 Vol.-% bei einem Effizienzgewinn von 90 %. Mit diesem Effizienzgewinn konnte nachgewiesen werden, dass OLEDs mit bleifreien Streuschichten nahezu an das Niveau bleihaltiger Systeme heranreichen.

Die in Kapitel 4.7 beschriebenen Methoden zur Ermittlung der Lichtausbeute und Leuchtdichte wurden auf ausgewählte OLED-Bauteile mit respektive ohne Streuschicht angewandt. Dargestellt ist in Abbildung 43 die Lichtausbeute der bleihaltigen Referenzstreuschicht mit GP 1 sowie der eigenentwickelten Streuschichten aus LS 18/14 mit sphärischen SiO_2-Streupartikeln, LS 35/13 (GP 19) und LS 22/15 (GP 21) mit TiO_2-Streupartikeln über der Leuchtdichte.

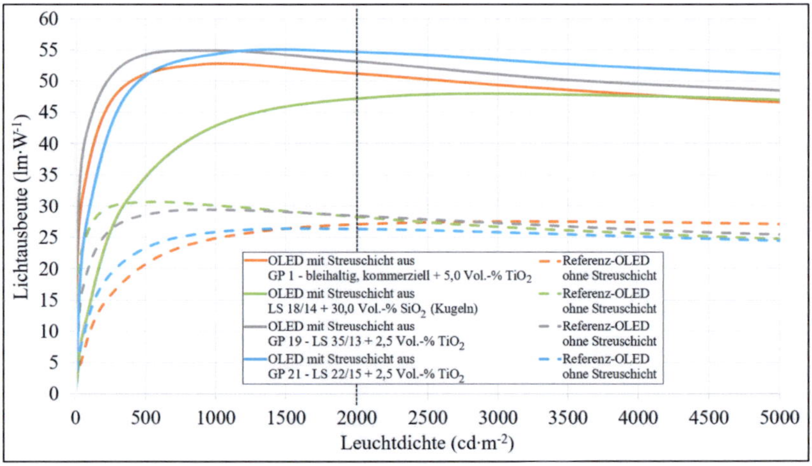

Abbildung 43: Lichtausbeute von OLEDs mit und ohne Streuschicht aufgetragen über der Leuchtdichte. Ausgewählt wurden die Streupartikelkonzentrationen, die bei konstanter Stromdichte von 2 mA·cm^{-2} die höchste Auskoppeleffizienz aufwiesen. Dargestellt sind die bleihaltige Referenzstreuschicht aus GP 1 sowie eigenentwickelte Streuschichten aus LS 18/14 ($16Bi_2O_3$-$33B_2O_3$-$0{,}5SiO_2$-27,5ZnO-3SrO-16BaO-4MgO (mol-%)) mit sphärischen SiO_2-Streupartikeln, GP 19 aus LS 35/13 ($25Bi_2O_3$-$33B_2O_3$-$4{,}5SiO_2$-25,5ZnO-4SrO-8BaO (mol-%)) und GP 21 aus LS 22/15 ($23Bi_2O_3$-$38B_2O_3$-$4SiO_2$-24ZnO-4SrO-7BaO (mol-%)) mit TiO_2-Streupartikeln.

Bei der Betrachtung der Lichtausbeute der OLEDs mit und ohne Streuschicht zur internen Lichtauskopplung fällt bei einer konstanten Leuchtdichte von

2000 cd·m^{-2} (schwarze Strichlinie in Abbildung 43, gleiche Helligkeit aller verglichenen Bauteile) die eindeutige Notwendigkeit einer Auskopplungsschicht auf. Während die bestromten Referenz-OLEDs ohne Streuschicht einen Ausgangswert von 26-28 lm·W^{-1} aufweisen, sind die Lichtausbeuten der OLEDs mit Auskopplungsschicht um 68-110 % höher. Somit senden die OLED-Bauteile mit Streuschicht, im Vergleich zu den Referenz-OLEDs ohne Streuschicht, bei gleicher aufgenommener elektrischer Leistung einen wesentlich höheren Lichtstrom Φ aus. Am effektivsten wandelt die Streuschicht aus GP 21 mit 2,5 Vol.-% TiO_2 die eingebrachte elektrische Leistung um.

Das Projektziel, die Auskoppeleffizienz um mindestens 50 % zu steigern, konkret bedeutet das, eine Lichtausbeute von $\eta \geq 40$ lm·W^{-1} zu erreichen, wurde mit den bleihaltigen und bleifreien Spezialglassystemen mit TiO_2-Streukörpern deutlich übertroffen. Realisiert werden konnten Lichtausbeuten von 51, 53 und 55 lm·W^{-1} bei 2000 cd·m^{-2} für OLEDs mit einer Streuschicht aus GP 1 (bleihaltig, kommerziell + 5,0 Vol.-% TiO_2), GP 19 aus LS 35/13 ($25Bi_2O_3$-$33B_2O_3$-$4,5SiO_2$-25,5ZnO-4SrO-8BaO (mol-%) + 2,5 Vol.-% TiO_2) und GP 21 aus LS 22/15 ($23Bi_2O_3$-$38B_2O_3$-$4SiO_2$-24ZnO-4SrO-7BaO (mol-%) + 2,5 Vol.-% TiO_2). Die Streuschicht aus LS 18/14 ($16Bi_2O_3$-$33B_2O_3$-$0,5SiO_2$-27,5ZnO-3SrO-16BaO-4MgO (mol-%) + 30,0 Vol.-% SiO_2 als Kugeln) erreichte mit 47 lm·W^{-1} bei 2000 cd·m^{-2} annähernd die Leistungseffizienz der anderen Systeme. Mit einer SiO_2-Streupartikelkonzentration von 30 Vol.-% konnte ferner eine WAK-Anpassung der Glasstreuschicht an das OLED-Substrat von $\alpha_{20\text{-}300\,°C} = 8,0 \cdot 10^{-6}\,K^{-1}$ gewährleistet werden (Abbildung 35).

Ein abschließender Vergleich in Abbildung 44 zeigt erfolgreich prozessierte funktionsfähige OLED-Bauteile im ausgeschalteten Zustand (oben) und im Betriebszustand (unten).

Bei konstanter Stromdichte von 2 mA·cm^{-2} zeigt sich ein deutlicher Helligkeitsunterschied zwischen der Referenz-OLED ohne interne Auskopplungsschicht (links) und den beiden OLEDs mit hochbrechender Streuschicht (Mitte und rechts).

Abbildung 44: Darstellung einer unbeschichteten Referenz-OLED (links) sowie zweier OLEDs, welche eine interne Lichtauskopplungsschicht enthalten (Mitte und rechts). Die obere Reihe zeigt die OLED-Bauteile im ausgeschalteten Zustand, die untere Reihe im Betrieb bei konstanter Stromdichte von 2 mA·cm^{-2}. Die Helligkeitsunterschiede der leuchtenden OLEDs sind durch unterschiedliche Auskoppeleffizienzen zu erklären. Während die OLED in der Mitte eine Streuschicht aus GP 1 mit einer TiO_2-Streupartikelkonzentration von 3 Vol.-% enthält, weist die rechte OLED eine Konzentration von 5 Vol.-% TiO_2 auf [135].

Während die OLED in der Mitte der Abbildung 44 eine Streuschicht aus GP 1 mit einer TiO_2-Streupartikelkonzentration von 3 Vol.-% enthält, weist die rechte OLED eine Konzentration von 5 Vol.-% TiO_2 auf. Bei bleihaltigen Streuschichten aus GP 1 wurde im Bereich von 5 Vol.-% TiO_2 der höchst mögliche Effizienzgewinn gemessen (Abbildung 42), was wiederum den Helligkeitsunterschied zur OLED mit geringerer TiO_2-Streupartikelkonzentration in der Auskopplungsschicht (3 Vol.-%) erklärt. Die rechts abgebildete OLED zeigt eindrucksvoll das hohe Potential der hochbrechenden Streuschichten auf die Lichtauskopplung auf.

5.8 Schlussbetrachtung

Neben der deutlichen Steigerung der Auskoppeleffizienz durch die Einbringung von Glasstreuschichten in OLEDs bleibt festzuhalten, dass bei einer

Vielzahl von OLED-Bauteilen mit interner Auskoppelschicht mehr Defekte und Leckströme detektiert wurden als bei den Referenz-OLEDs ohne Streuschicht. Die Ursachen dafür konnten nicht zweifelsfrei geklärt werden. Grundsätzlich konnten Glasstreuschichten mit einer sehr geringen Oberflächenrauheit zwischen R_q = 15-20 ± 5 nm hergestellt werden.

Es stellte sich im Verlauf des Projekts als schwierig heraus, die Ursachen für das höhere Defektrisiko bei OLEDs mit glasbasierter Streuschicht zu klären. Um Einflüsse einzugrenzen, wurde im Projekt geprüft, ob eine Applikation der Streuschichten unter Reinraumbedingungen zu einer Senkung der Defekte führt. Dazu wurden zwei Prozessabläufe geprüft:

Prozessablauf 1:

- Siebdruck unter Normalatmosphäre
- Trocknung der Schichten im Reinraum (anstatt unter Normalatmosphäre)
- Verglasung unter Normalatmosphäre

Prozessablauf 2:

- Siebdruck im Reinraum
- Trocknung der Schichten im Reinraum
- Verglasung im Reinraum

Der erste Prozessablauf führte nicht zu einer messbaren Defektreduzierung in der OLED. Daher wurde entschieden, den gesamten Prozess der Streuschichtherstellung in den Reinraum zu implementieren. Die Realisierung gestaltete sich als aufwändig, da zunächst ein reinraumtauglicher, möglichst partikelarmer Ofen konzipiert und gebaut werden musste, der kein Feuerfest- bzw. Fasermaterial enthält. Realisiert wurde das mit einem IR-Strahlungsofen mit Edelstahlgehäuse. Die Herausforderung hierbei war, die Temperaturhomogenität beim Verglasen der Streuschicht über das vollständige OLED-Substrat zu gewährleisten. Auch war es schwierig, vollständig partikelfrei zu werden. Der Partikeleintrag durch die Kabelummantelung der Zuleitungen und der Strahler selbst war nicht zu verhindern.

Die OLED-Ergebnisse am Ende der Optimierungsphase zeigten schließlich, dass der Defektlevel von Bauteilen mit Streuschicht nahezu in derselben Größenordnung lag wie der von Bauteilen ohne Streuschicht.

6 Ausblick

Wird der Gesamtprozess der Streuschichtentwicklung von der Glasherstellung und Glaspulvererzeugung über die Aufbringung der Glaspasten mittels Siebdruck bis hin zur Verglasung und dem Prozessieren der Glasstreuschicht zu einer OLED betrachtet, sind die nachstehend aufgeführten Maßnahmen zur Optimierung der Prozesse nötig.

Im Hinblick auf den Glasherstellungsprozess wäre es vorteilhaft, das Ausgießen der Schmelze sowie den nachfolgenden Tempervorgang zu überarbeiten. Hier bestand das Problem oft darin, dass die Glasschmelze beim Abkühlen an den Randbereichen der mehrteiligen Metallform anhaftete. Die Verwendung von konischen Tiegeln aus glasartigem Graphit (SIGRADUR® G) als Gießform wäre hierbei vorteilhaft [46]. Durch dieses Material ist eine Anhaftung der Schmelze nahezu ausgeschlossen. Darüber hinaus kann die Schmelze, im Gegensatz zur metallischen Form, mit dem Tiegel in den Temperofen eingebracht werden, was die Abkühlzeit der Schmelze vor der Überführung in den Temperofen deutlich verkürzt und die dadurch auftretenden Spannungen im Glas minimiert.

Weiteres Verbesserungspotential liegt im Aufmahlprozess und der Fraktionierung der Glaspulver. Zur weiteren Reduzierung des Defektlevels bei OLEDs mit Streuschichten sollten künftig alle möglichen Kontaminationen (z.B. durch metallischen oder keramischen Abrieb) vermieden werden. Hierzu könnte das Glaspulver in einer Fließbett-Gegenstrahlmühle (picojet®) zerkleinert werden. In dieser Mühle erfolgt die Zerkleinerung kontaminationsfrei durch Partikelprall in einem Luftstrahl [45]. Eine weitere Möglichkeit, metallische Verunreinigungen bei der Pulververarbeitung zu verhindern, wäre der Austausch der bisher zu Fraktionierung verwendeten Edelstahlsiebe durch Kunststoffsiebe. Kunststoffverunreinigungen würden beim Verglasungsprozess rückstandslos verbrennen, während metallische Verunreinigungen als Keim für mögliche Kristallisationen in der Schicht fungieren können oder als Farbzentrum.

Ein weiterer Optimierungsschritt betrifft den Verglasungsprozess der Streuschichten. Hier könnte eine Verdichtung der Pulvermischung in der Paste durch einen Sinterprozess unter erhöhtem Druck zielführend sein. Zu klären wäre allerdings, ob der Druck so reguliert werden könnte, dass das Substratglas durch die Einwirkung der Glas- und Streupartikel nicht bricht.

Um weitere Ursachen für mögliche Defektquellen in der OLED zu identifizieren, ist eine detaillierte Analyse der Verfahrensschritte beim Prozessieren der OLED unabdingbar. Hier wäre neben der Vorreinigung des Streuschichtsubstrates die nachfolgende ITO-Beschichtung zu begutachten. Nach [97], welcher polymere Auskoppelstrukturen untersucht hat, führt ein zusätzlicher Planarisierungsschritt der Streuschichtoberfläche vor der ITO-Abscheidung zu einer Defektreduzierung in der OLED. Dieses Verfahren und die dazu nötigen Materialien müssten auf die Glasstreuschicht angepasst und entsprechend geprüft werden.

Literaturverzeichnis

[1] Amerlux, *Energy Observer - a monthly newsletter from Amerlux,* http://www.amerlux.com/content/press-releases/files/Amerlux_ Energy_Observer_11-12.pdf, **2012**.

[2] P. Becker, *Crystal Research and Technology* **2003**, *38,* 74–82.

[3] L. Bergmann, C. Schäfer, R. Kassing und S. Blügel, *Lehrbuch der Experimentalphysik Band 6 - Festkörper,* De Gruyter, Berlin, **2005**.

[4] A. Bishay und C. Maghrabi, *Physics and Chemistry of Glasses* **1969**, *10,* 1–11.

[5] J. Bliedtner, H. Müller und A. Barz, *Lasermaterialbearbeitung,* Hanser, München, **2013**.

[6] N. M. Bobkova und E. E. Trusova, *Glass and Ceramics* **2012**, *68,* 349–352.

[7] T. Bocksrocker, *Dissertation - Technologien für das Lichtmanagement in organischen Leuchtdioden,* KIT Scientific Publishing; Technische Informationsbibliothek u. Universitätsbibliothek, Karlsruhe, Baden, Hannover, **2013**.

[8] U. Brokmann, D. Hülsenberg, M. Stubenrauch und M. Hoffmann, *Glas in der Mikrotechnik,* https://www.tu-ilmenau.de/fileadmin/ media/anw/glasmikrotech.pdf, **2006**.

[9] R. Brückner, *Journal of Non-Crystalline Solids* **1970/1971**, *5,* 123-175/177-216.

[10] W. A. Capanema, K. Yukimitu, J. Moraes, F. A. Santos, M. S. Figueiredo, S. M. Sidel, V. Reynoso, O. A. Sakai und A. N. Medina, *Optical Materials* **2011**, *33,* 1569–1572.

[11] B. Chowdari und Z. Rong, *Solid State Ionics* **1996**, *90,* 151–160.

[12] W. Demtröder, *Experimentalphysik 2 - Elektrizität und Optik,* Springer Verlag, Berlin, Heidelberg, **1995**.

[13] E. Dick, *Verfahren zum Läutern von Glasschmelzen mit oxidativ wirkenden Läutermitteln - Patentschrift DE 102008002082 A1,* Mainz, **2008**.

[14] A. Dietzel, *Zeitschrift für Elektrochemie und angewandte physikalische Chemie* **1942**, *48,* 9–23.

[15] DIN 1259-1, *Glas - Teil 1: Begriffe für Glasarten und Glasgruppen,* Beuth Verlag, Berlin, **2001**.

[16] DIN 51045-1, *Bestimmung der thermischen Längenänderung fester Körper,* Beuth Verlag, Berlin, **1989**.

[17] DIN 51730, *Bestimmung des Asche-Schmelzverhaltens,* Beuth Verlag, Berlin, **1998**.

[18] DIN ISO 7884-8, *Glas - Viskosität und viskosimetrische Festpunkte - Teil 8: Bestimmung der (dilatometrischen) Transformationstemperatur,* Beuth Verlag, Berlin, **1998**.

[19] A. Dodabalapur, *Solid State Communications* **1997**, *102,* 259–267.

[20] P. C. Donohue, *Lead and cadmium-free encapsulant composition - Patentschrift US 5753571 A,* Wilmington, **1998**.

[21] W. H. Dumbaugh und J. C. Lapp, *Journal of the American Ceramic Society* **1992**, *75,* 2315–2326.

[22] A. Dutta und A. Ghosh, *Journal of Non-Crystalline Solids* **2007**, *353,* 1333–1336.

[23] I. Dyamant, D. Itzhak und J. Hormadaly, *Journal of Non-Crystalline Solids* **2005**, *351,* 3503–3507.

[24] R. A. H. El-Mallawany, *Tellurite Glasses Handbook: Physical Properties and Data, Second Edition,* CRC Press, Boca Raton, **2016**.

[25] L. Endres, *Taschenbuch der Lampentechnik,* ProduServ GmbH Verlagsservice, Berlin, **1987**.

[26] EPAM Systems, *SciGlass - Glass Property Information System,* http://www.sciglass.info/, **2015**.

[27] W. Espe, *Werkstoffkunde der Hochvakuumtechnik: Silikatwerkstoffe,* Deutscher Verlag der Wissenschaften, Berlin, **1960**.

[28] Europäisches Parlament, *Richtlinie 2011/65/EU des Europäischen Parlaments und des Rates vom 8. Juni 2011 zur Beschränkung der Verwendung bestimmter gefährlicher Stoffe in Elektro- und Elektronikgeräten,* http://www.ce-zeichen.de/templates/ce-zei/richtlinien/rohs-richtlinie-2011.pdf, **2011**.

[29] H. Fares, I. Jlassi, H. Elhouichet und M. Férid, *Journal of Non-Crystalline Solids* **2014**, *396-397,* 1–7.

[30] S. R. Forrest, D. Bradley und M. E. Thompson, *Advanced Materials* **2003**, *15,* 1043–1048.

[31] G. Frischat, *Chemie in unserer Zeit* **1977**, *11,* 65–74.

[32] Y. Fujiwara, *Optical glass, glass material for press molding, and optical element - Patentschrift EP 2497756 A1,* Tokyo, **2012**.

[33] G. Gao, L. Hu, H. Fan, G. Wang, K. Li, S. Feng, S. Fan und H. Chen, *Optical Materials* **2009**, *32,* 159–163.

[34] V. Goldschmidt, *Naturwissenschaften* **1930**, *18,* 999–1013.

[35] P. K. Gupta, *Journal of Non-Crystalline Solids* **1996**, *195,* 158–164.

[36] S. Hansen, S. M. Ritter, B. Schreder und U. Wölfel, *Blei- und arsenfreies hochbrechendes optisches Glas - Patentschrift DE 102005052090 A1,* Mainz, **2007**.

[37] S. Hasegawa, H. Onishi, M. Kanai und T. Kamimoto, *Bismuth glass composition, and magnetic head and plasma display panel including the same as sealing member - Patentschrift US 20050181927 A1,* Kadoma, **2005**.

[38] T. Hasegawa, *Journal of Non-Crystalline Solids* **2011**, 357, 2857–2862.

[39] F. He, J. Cheng, D. Deng und J. Wang, *Journal of Central South University of Technology* **2010**, *17,* 257–262.

[40] M. Herm, *Dissertation - Potentielle Lochleiter auf Alkinbasis für organische Lumineszenzdioden,* Martin-Luther-Universität, Halle-Wittenberg, **2003**.

[41] Hesse Instruments, *Das Erhitzungsmikroskop und die Software EMI III,* http://www.hesse-instruments.de/content/pdfs/down_01f/BRO_HeatingMicroscope_201503_DE_600dpi.pdf, **2015**.

[42] C. Hirayama und E. C. Subbarao, *Physics and Chemistry of Glasses* **1962**, *3,* 111–115.

[43] M. Hiroshi, K. Junya, S. Fumio und K. Kantaro, *International Journal of Mineral Processing* **2004**, *74,* 85–92.

[44] W. Hopfe, *Vom „Felsbrocken" zum Nano-Teilchen,* http://www.fritsch.de/fileadmin/Redakteur/Downloads/Reports_milling/Construction_Materials/Vom_Felsbrocken_zum_Nano-Teilchen.pdf, **2017**.

[45] Hosokawa Alpine AG, *picojet - Fließbett-Gegenstrahlmühle,* https://www.hosokawa-alpine.de/verfahrenstechnik/labor-und-forschung/picoline/picojet-fliessbett-gegenstrahlmuehle/, **2018**.

[46] HTW Hochtemperatur-Werkstoffe GmbH, *Glaskohlenstoff,* http://www.htw-germany.com/technology.php5?lang=de&nav0=2, **2018**.

[47] Instrument Systems GmbH, *CAS 140CT Array Spektrometer,* https://www.instrumentsystems.de/fileadmin/editors/downloads/Products/CAS140CT.pdf, **2018**.

[48] Instrument Systems GmbH, *LumiCam 1300 Leuchtdichte-/Farbmess-kamera,* https://www.instrumentsystems.de/fileadmin/editors/downloads/Products/LumiCam1300_d.pdf, **2018**.

[49] J. Jahns, *Photonik,* Oldenbourg, München, **2001**.

[50] H. Jebsen-Marwedel und R. Brückner, *Glastechnische Fabrikationsfehler: "Pathologische" Ausnahmezustände des Werkstoffes Glas und ihre Behebung; Eine Brücke zwischen Wissenschaft, Technologie und Praxis,* Springer, Berlin, **2010**.

[51] B. Jonson und C. Stålhandske, *Glass Technology - European Journal of Glass Science and Technology Part A* **2013**, *54,* 108–110.

[52] H. Kayser, *Lehrbuch der Spektralanalyse,* Springer, Berlin, **2013**.

[53] N. Kitamura, K. Fukumi, J. Nakamura, T. Hidaka, H. Hashima, Y. Mayumi und J. Nishii, *Materials Science and Engineering: B* **2009**, *161,* 91–95.

[54] T. Konishi, T. Hondo, T. Araki, K. Nishio, T. Tsuchiya, T. Matsumoto, S. Suehara, S. Todoroki und S. Inoue, *Journal of Non-Crystalline Solids* **2003**, *324,* 58–66.

[55] C. Krellner, *Differenz-Thermoanalyse (DTA),* https://www.uni-frankfurt.de/50341610/DTA.pdf, **2013**.

[56] U. Kuhlmann, *IFA - LG investiert Milliarden in OLED-Technik,* http://www.heise.de/newsticker/meldung/LG-investiert-Milliarden-in-OLED-Technik-2781767.html, **2015**.

[57] J. Lange, *Rohstoffe der Glasindustrie,* Deutscher Verlag für Grundstoffindustrie, Leipzig, **2001**.

[58] W. Lehnhäuser, *Keramische Glasuren und ihre Farben,* Ritterbach, Frechen, **2000**.

[59] I. K. Lichtscheidl, *Prinzip der Polarisationsmikroskopie,* https://www.univie.ac.at/mikroskopie/2_kontraste/polarisation/3_prinzip.htm, **2017**.

[60] S. Lohmeyer, *Werkstoff Glas: sachgerechte Auswahl, optimaler Einsatz, Neuentwicklungen, Gestaltung und Pflege,* Expert Verlag, Renningen, **2001**.

[61] F. Lu, A. X. Lu und G. F. Huang, *Advanced Materials Research* **2006**, *11-12,* 61–64.

[62] E. Lübbe, *Farbempfindung, Farbbeschreibung und Farbmessung: Eine Formel für die Farbsättigung,* Springer Verlag, Wiesbaden, **2012**.

[63] T. M. Machado und M. A. P. Silva, *Materials Chemistry and Physics* **2017**, *201,* 86–91.

[64] T. Maeder, *International Materials Reviews* **2013**, *58,* 3–40.

[65] S. Manning, *A study of tellurite glasses for electro-optic optical fibre devices,* University of Adelaide, Adelaide, **2011**.

[66] H. Masai, T. Fujiwara und H. Mori, *Applied Physics Letters* **2008**, *92,* 141902-1-141902-3.

[67] H. Masuda, R. Kimura, N. Sakamoto, Morinaga und K., *Journal of the Japan Institute of Metals and Materials* **1999,** 284–288.

[68] S. Matsumoto und N. Nakamura, *Glass for encapsulating optical element and light-emitting device encapsulated with glass - Patentschrift US 20090309125 A1,* Tokyo, **2009**.

[69] O. Mazurin und Y. Gankin, *Proceedings of the XX ICG in Kyoto* **2004,** 1–6.

[70] M. Merkel und K.-H. Thomas, *Taschenbuch der Werkstoffe,* Fachbuchverlag Leipzig im Carl Hanser Verlag, München, **2008**.

[71] T. Modes, *Dissertation - Struktur und Eigenschaften von TiO_2-Schichten, abgeschieden durch reaktive plasmaaktivierte Elektronenstrahl-Bedampfung,* Freiberg, **2006**.

[72] R. Morena, *Journal of Non-Crystalline Solids* **2000**, *263-264,* 382–387.

[73] NETZSCH-Gerätebau GmbH, *Dilatometrie - Methode, Geräte, Applikationen,* https://files.vogel.de/vogelonline/vogelonline/companyfiles/5917.pdf, **2013**.

[74] A. Nitta, M. Koide und K. Matusita, *Physics and Chemistry of Glasses* **2001**, *42,* 275–278.

[75] OHARA GmbH, *Optische Gläser - Technische Informationen,* http://www.ohara-gmbh.com/d/katalog/downloads/techinfo_d.pdf, **2015**.

[76] L. E. Orgel, *Journal of the Chemical Society (Resumed)* **1959,** 3815–3819.

[77] OSRAM GmbH, *Lichtmarkt im Wandel,* https://www.osram.de/media/resource/HIRES/333286/profispot-1--2009-add-on.pdf, **2009**.

[78] OSRAM GmbH, *Airabesc-Symbiose aus Design und Technologie,* http://www.osram-oled.com/oled/de/anwendungen/leuchten/airabesc/index.jsp, **2016**.

[79] OSRAM GmbH, *OLED-Flächenstrahler: Trend in der Kfz-Beleuchtung,* http://www.osram.de/osram_de/news-und-wissen/automotive-special/trends-in-der-kfz-beleuchtung/oled-in-der-kfz-beleuchtung/index.jsp, **2016**.

[80] OSRAM OLED GmbH, *Einführung in die OLED-Technologie,* https://www.osram-oled.com/wissen/index.jsp, **2014**.

[81] OSRAM OLED GmbH, *OLYMP Förderprojekt,* http://www.osram-oled.com/oled/de/news-und-wissen/foerderprojekte/olymp/index.jsp, **2016**.

[82] I. PerkinElmer, *LAMBDA UV/Vis and UV/Vis/NIR Spectrophotometers 850/950/1050,* https://www.perkinelmer.com/lab-solutions/resources/docs/BRO_LAMBDA8509501050.pdf, **2012**.

[83] A. Petzold, *Anorganisch-nichtmetallische Werkstoffe,* Springer Verlag, Wien, **2013**.

[84] H. Pfaender und H. Schröder, *Schott-Glaslexikon,* Moderne Verlags GmbH, München, **1980**.

[85] J.-F. Poggemann, A. Goß, G. Heide, E. Rädlein und G. H. Frischat, *Journal of Non-Crystalline Solids* **2001**, *281,* 221–226.

[86] J.-F. Poggemann, G. Heide und G. H. Frischat, *Journal of Non-Crystalline Solids* **2003**, *326-327,* 15–20.

[87] Porzellanfabrik Hermsdorf GmbH, *Produktinformation Tiegel Al_2O_3,* http://www.pofahermsdorf.de/fileadmin/templates/userfiles/datenblaetter/deutsch/TiegelAl2O3.pdf, **2010**.

[88] A. I. Priven, *Glass Technology* **2004**, *45,* 244–254.

[89] QUANTACHROME GmbH, *Partikelgrößen- und Partikelformanalyse durch Laserbeugung zur umfassenden Charakterisierung von feinteiligen und porösen Stoffsystemen,* www.quantachrome.de/mediadb/15318/15319/Partikelwelt6.pdf, **2007**.

[90] P. Rabenbauer, C. Wille und E. Rädlein, *Posterbeitrag V.7 zur 88. Tagung der Deutschen Glastechnischen Gesellschaft (DGG) - Development of high refractive glass solders,* Technische Universität Ilmenau, Aachen, **2014**.

[91] P. Rabenbauer, C. Wille und T. Wehlus, *Radiation-emitting component and method for producing a radiation-emitting component - Patentschrift WO 2018019902 A1,* Regensburg, **2018**.

[92] E. M. Rabinovich, *Journal of Materials Science* **1976**, *11,* 925–948.

[93] B. V. J. Rao, *Journal of the American Ceramic Society* **1962**, *45,* 555–563.

[94] D. Renno und M. Hübscher, *Glas-Werkstoffkunde,* Deutscher Verlag für Grundstoffindustrie, Stuttgart, **2000**.

[95] Retsch GmbH&Co.KG, *Bedienungsanleitung Mörsermühle RM100,* **1995**.

[96] B. Riedel, *Dissertation - Effizienzsteigerung in organischen Leuchtdioden,* KIT Scientific Publishing; Technische Informationsbibliothek u. Universitätsbibliothek, Karlsruhe, Hannover, **2011**.

[97] D. Riedel, *Dissertation - Polymere Streuschichten zur Lichtauskoppelung aus organischen Leuchtdioden,* Friedrich Alexander Universität, Erlangen, **2016**.

[98] H. Roggendorf, W. Storch, M. Birkhahn und D. Sporn, *Sprechsaal* **1990**, *123,* 504–506.

[99] C. Rüssel und D. Ehrt, *Chemie in unserer Zeit* **1998**, *32,* 126–135.

[100] H. Salmang, R. Telle und H. Scholze, *Keramik,* Springer, Berlin, **2006**.

[101] O. Sanz, E. Haro-Poniatowski, J. Gonzalo und J. M. Fernández Navarro, *Journal of Non-Crystalline Solids* **2006**, *352,* 761–768.

[102] D. Saritha, Y. Markandeya, M. Salagram, M. Vithal, A. K. Singh und G. Bhikshamaiah, *Journal of Non-Crystalline Solids* **2008**, *354,* 5573–5579.

[103] K. Saxena, V. K. Jain und D. Mehta, *Optical Materials* **2009**, *32,* 221–233.

[104] S. E. Schad, *Dissertation - Charakterisierung interner optischer Verluste von Leuchtdioden im InGaN-Materialsystem mit Hilfe integrierter Wellenleiter,* Cuvillier, Göttingen, **2005**.

[105] H. Schäffer und M. Benz-Zauner, *Spezialglas,* Deutsches Museum, München, **2009**.

[106] J. Schawe, R. Riesen, J. Widmann, M. Schubnell und U. Jörimann, *DSC-Kurven interpretieren Teil 1: Dynamische Messungen,* https://www.mt.com/mt_ext_files/Editorial/Generic/8/ TA_UserCom11_0655823710252341_files/tausc11d.pdf, **2000**.

[107] H. Scholze, *Glas - Natur, Struktur und Eigenschaften,* Springer Verlag, Berlin, **2013**.

[108] Schott AG, *Lotgläser,* http://www.schott.com/epackaging/german/glass/technical_powder/solder.html, **2016**.

[109] Schott AG, *Biographie Otto Schott,* http://www.schott.com/german/company/corporate_history/biography/otto_schott.html, **2017**.

[110] Schott Glaswerke, *Glaslote mit SCHOTTGLAS - Produktinformation Nr. 4823/1 d,* **1989**.

[111] N. Sdiri, H. Elhouichet und M. Ferid, *Journal of Non-Crystalline Solids* **2014**, *389,* 38–45.

[112] SENTECH Instruments GmbH, *Cost-effective spectroscopic ellipsometer SENpro,* http://www.sentech.com/en/site__311/, **2016**.

[113] J. Setina, V. Akishin und J. Vaivads, *Materials Science Forum* **2005**, *502,* 231–236.

[114] B. Shanmugavelu und V. V. Ravi Kanth Kumar, *Solid State Sciences* **2013**, *20,* 59–64.

[115] P. Y. Shih und T. S. Chin, *Journal of Materials Science Letters* **2001**, *20,* 1811–1813.

[116] S. K. Singh und G. E. Sakoske, *Low Melting Glass Compositions - Patentschrift US 20140314969 A1,* Mayfield Heights, **2014**.

[117] S. P. Singh und B. Karmakar, *Materials Chemistry and Physics* **2010**, *119,* 355–358.

[118] T. Som und B. Karmakar, *Antimony Oxide Glasses and Their Nanocomposites for Optical, Photonic and Nanophotonic Applications,* Nova Science Publishers, New York, **2012**.

[119] S. Spauszus, *Werkstoffkunde Glas. Struktur und Natur des Glases - Eigenschaften - Glasfehler - Glasgruppen und spezielle Gläser,* Deutscher Verlag für Grundstoffindustrie, Leipzig, **1974**.

[120] Spiegel Online, *Konzernumbau: Verkauf des Lampengeschäfts nach China kostet Osram Geld,* http://www.spiegel.de/wirtschaft/unternehmen/osram-abspaltung-des-lampengeschaefts-kostet-geld-a-1104971.html, **2016**.

[121] C. Stålhandske und B. Jonson, *European Journal of Glass Science and Technology* **2013**, *54,* 108–110.

[122] L. Stiny, *Aktive elektronische Bauelemente -Aufbau, Struktur, Wirkungsweise, Eigenschaften und praktischer Einsatz diskreter und integrierter Halbleiter-Bauteile,* Springer Vieweg, Wiesbaden, **2015**.

[123] S. Stolz, *Dissertation - Flüssigprozessierbare Elektroneninjektionsmaterialien in organischen Leuchtdioden,* Books on Demand, Karlsruhe, **2017**.

[124] N. Sugimoto, *Journal of the American Ceramic Society* **2002**, *85,* 1083–1088.

[125] H. Takebe, T. Kobatake und A. Saitoh, *Physics and Chemistry of Glasses* **2013**, *54,* 182–186.

[126] H. Takebe, W. Nonaka, T. Kubo, J. Cha und M. Kuwabara, *Journal of Physics and Chemistry of Solids* **2007**, *68,* 983–986.

[127] G. Tammann, *Der Glaszustand,* L. Voss, Leipzig, **1933**.

[128] Technische Universität Ilmenau, *Grundlagenpraktikum - Optische Eigenschaften von Glas,* https://www.tu-ilmenau.de/fileadmin/media/wt/Lehre/Praktikum/Werkstoffwissenschaft_WSW/4._Fachsemester/GLW21_Optische_Eigenschaften_von_Glas.pdf, **2016**.

[129] R. Teschner, *Glasfasern,* Springer Verlag, Berlin, **2013**.

[130] K. C. Thienel, *Werkstoffe des Bauwesens - Glas,* https://www.unibw.de/werkstoffe/lehre/skripte, **2008**.

[131] W. Vogel, *Glaschemie,* Springer Verlag, Berlin, **2013**.

[132] C. Y. Wang, G. Q. Hu, Z. J. Zhang, B. Q. Liu, L. L. Zhu, H. Wang, H. H. Chen, K. Yang und J. T. Zhao, *Journal of Non-Crystalline Solids* **2013**, *363,* 84–88.

[133] B. E. Warren, *Journal of the American Ceramic Society* **1941**, *24,* 256–261.

[134] M. J. Weber, *Handbook of optical materials,* CRC Press, Boca Raton, **2003**.

[135] C. Wille, C. Wiesmann und P. Rabenbauer, *Abschlussbericht des Verbundvorhabens: Organische lichtemittierende Systeme auf Basis von energie- und kosteneffizienten Materialien und Prozessen, OLYMP: Teilvorhaben: Steigerung der Extraktionseffizienz von organischen lichtemittierenden Systemen mit skalierbaren sowie kosteneffizienten Materialien und Prozessen,* Augsburg, **2016**.

[136] A. Witkowska, J. Rybicki und A. Di Cicco, *Journal of Alloys and Compounds* **2005**, *401,* 135–144.

[137] H.-L. Yu und C.-C. Hsaio, *Metrologia* **2009**, *46,* 233–237.

[138] W. H. Zachariasen, *Journal of the American Chemical Society* **1932**, *54,* 3841–3851.

[139] E. D. Zanotto und J. C. Mauro, *Journal of Non-Crystalline Solids* **2017**, *471,* 490–495.

[140] ZEISS, *Großes Forschungsmikroskop UNIVERSAL,* http://www.mikroskop-online.de/ Mikroskop%20BDA%20Zeiss%20West%20Scan%20Cabalja/ Grosses%20Forschungsmikroskop%20UNIVERSAL.pdf, **1982**.

[141] Y. Zhang, Y. Yang, J. Zheng, W. Hua und G. Chen, *Journal of the American Ceramic Society* **2008**, *91,* 3410–3412.

[142] B. Zhou, C. F. Rapp, J. K. Driver, M. J. Myers, J. D. Myers, J. Goldstein, R. Utano und S. Gupta, *Proceedings of SPIE* **2013**, *Oxide-based Materials and Devices IV,* 86261F.

Anhang

Tabelle 13: Überblick der für die Glasschmelzen verwendeten Rohstoffe unter Angabe der Reinheiten und der Hersteller/Lieferanten, gegliedert in Netzwerkbildner, Netzwerkwandler und Zwischenoxide. Die Ordnungszahl der Oxide nimmt von oben nach unten zu.

Netzwerkbildner	Rohstoff (Reinheit)	Hersteller/ Lieferant	**Netzwerkwandler**	Rohstoff (Reinheit)	Hersteller/ Lieferant	**Zwischenoxide**	Rohstoff (Reinheit)	Hersteller/ Lieferant
B_2O_3	H_3BO_3 (> 99 %)	Alfa Aesar	**Li_2O**	Li_2CO_3 (> 99 %)	Merck Chemicals	**Al_2O_3**	$Al(OH)_3$ (> 99 %)	Merck Chemicals
SiO_2	SiO_2 als Quarzmehl (99,8 %)	Bremthaler Quarzitwerk	**Na_2O**	Na_2CO_3 oder $NaNO_3$ (> 99 %)	Merck Chemicals	**TiO_2**	TiO_2 (> 99 %)	Schuchardt
P_2O_5	H_3PO_4 (85 %)	Merck Chemicals	**MgO**	MgO (> 99 %)	Merck Chemicals	**NiO**	NiO (> 99 %)	Merck Chemicals
GeO_2	GeO_2 (99,9 %)	Treibacher Industrie AG	**K_2O**	K_2CO_3 (> 99 %)	Merck Chemicals	**ZnO**	$Zn(NO_3)_2\cdot 4H_2O$ und ZnO (99 %)	Merck Chemicals
Sb_2O_3	$NaSbO_3$ (> 99 %)	Sigma-Aldrich	**CaO**	$Ca(OH)_2$ (99,9 %)	Merck Chemicals	**Nb_2O_5**	Nb_2O_5 (> 99 %)	Sigma-Aldrich
			SrO	$SrCO_3$ (> 99 %)	Merck Chemicals	**MoO_3**	MoO_3 (> 99 %)	Sigma-Aldrich
			Y_2O_3	Y_2O_3 (99,9 %)	Treibacher Industrie AG	**Ag_2O**	$AgNO_3$ (> 99 %)	Schuchardt
			BaO	$Ba(OH)_2\cdot 8H_2O$ (> 99 %)	Merck Chemicals	**SnO_2**	SnO_2 (> 99 %)	Sigma-Aldrich
			La_2O_3	La_2O_3 (99,9 %)	Fluka Analytical	**TeO_2**	TeO_2 (99,9 %)	Inatrade Chemicals
			CeO_2	CeO_2 (99,9 %)	Fluka Analytical	**Gd_2O_3**	Gd_2O_3 (> 99 %)	Sigma-Aldrich
						WO_3	WO_3 (> 99 %)	Merck Chemicals
						Bi_2O_3	Bi_2O_3 (99,9 %)	Merck Chemicals

Tabelle 14: Zusammenfassung der Partikelgrößenverteilungen in Abhängigkeit von der Mahlmethode (MM Mörsermühle, PKM Planetenkugelmühle[55] und RKM Rührwerkskugelmühle[56]) sowie der eingestellten Mahlparameter. Das Ausgangsmahlgut für alle durchgeführten Versuche in der PKM und RKM stellt dabei die LS 35/13 (MM100_1[57]) dar.

Mahl-methode	Bezeichnung der Mahlung	Mahlhilfskörper	Dreh-zahl (U/min)	Mahl-dauer (h)	Partikeldurchmesser (µm)		
					d_{10}	d_{50}	d_{90}
MM	MM100_0,5	keine	100	0,5	0,63	23,82	235,40
	MM100_1	keine	100	1	0,40	11,52	108,15
	MM100_2	keine	100	2	0,37	3,49	19,76
	MM100_6	keine	100	6	0,23	1,76	12,42
PKM	PKM20_350_0,5	8x Achatkugeln Ø = 20 mm	350	0,5	0,64	8,35	31,30
	PKM20_350_1	8x Achatkugeln Ø = 20 mm	350	1	0,52	5,47	20,88
	PKM20_350_2	8x Achatkugeln Ø = 20 mm	350	2	0,26	2,20	12,10
	PKM20_350_6	8x Achatkugeln Ø = 20 mm	350	6	0,27	2,06	16,98
	PKM20_450_0,5	8x Achatkugeln Ø = 20 mm	450	0,5	0,51	6,22	23,81
	PKM20_450_1	8x Achatkugeln Ø = 20 mm	450	1	0,35	3,14	15,61
	PKM20_450 _2	8x Achatkugeln Ø = 20 mm	450	2	0,24	1,81	13,40
	PKM20_450_6	8x Achatkugeln Ø = 20 mm	450	6	0,21	1,57	13,78
	PKM20_550_0,5	8x Achatkugeln Ø = 20 mm	550	0,5	0,33	3,25	15,54
	PKM20_550_1	8x Achatkugeln Ø = 20 mm	550	1	0,22	1,68	10,42
	PKM20_550_2	8x Achatkugeln Ø = 20 mm	550	2	0,19	1,20	10,87

[55] Die Masse von 8 Achatkugeln des Durchmessers 20 mm ist äquivalent zu 2000 Achatkugeln des Durchmessers 3 mm.

[56] Aufgrund des geringen Durchmessers der Zirkonoxidkugeln von 0,3 mm wird der Füllgrad des Mahlbechers nicht in Stück sondern in % angegeben. Bei der Mahlung mit der RKM wurde ein Füllgrad von 95 % gewählt.

[57] MM100_1 entspricht einer einstündigen Mahlung in der Mörsermühle bei 100 $U \cdot min^{-1}$.

Mahl-methode	Bezeichnung der Mahlung	Mahlhilfskörper	Dreh-zahl (U/min)	Mahl-dauer (h)	Partikeldurchmesser (µm)		
					d_{10}	d_{50}	d_{90}
PKM	PKM20_550_6	8x Achatkugeln Ø = 20 mm	550	6	0,20	1,37	15,45
	PKM3_350_0,5	8x Achatkugeln Ø = 3 mm	350	0,5	0,48	5,32	20,50
	PKM3_350_1	8x Achatkugeln Ø = 3 mm	350	1	0,36	3,57	13,80
	PKM3_350_2	8x Achatkugeln Ø = 3 mm	350	2	0,24	2,41	10,31
	PKM3_350_6	8x Achatkugeln Ø = 3 mm	350	6	0,18	1,32	6,85
	PKM3_450_0.5	8x Achatkugeln Ø = 3 mm	450	0,5	0,31	2,28	12,66
	PKM3_450_1	8x Achatkugeln Ø = 3 mm	450	1	0,31	2,07	9,10
	PKM3_450_2	8x Achatkugeln Ø = 3 mm	450	2	0,18	1,16	5,89
	PKM3_450_6	8x Achatkugeln Ø = 3 mm	450	6	0,16	0,91	4,76
	PKM3_550_0,5	8x Achatkugeln Ø = 3 mm	550	0,5	0,28	2,49	10,40
	PKM3_550_1	8x Achatkugeln Ø = 3 mm	550	1	0,21	1,71	8,82
	PKM3_550_2	8x Achatkugeln Ø = 3 mm	550	2	0,18	1,28	7,29
	PKM3_550_6	8x Achatkugeln Ø = 3 mm	550	6	0,20	1,07	5,53
RKM	RKM0,3_2000_1	95% Zirkonoxidkugeln Ø = 0,3 mm	2000	7 min	0,21	1,43	9,90
	RKM0,3_2000_2	95% Zirkonoxidkugeln Ø = 0,3 mm	2000	8 min	0,18	0,96	4,96
	RKM0,3_3500_2	95% Zirkonoxidkugeln Ø = 0,3 mm	3500	9 min	0,12	0,69	2,67

Tabelle 15: Gegenüberstellung der CILAS-Korngrößenverteilung von vier ausgewählten Mahlungen der LS 35/13 (links). REM-Aufnahmen veranschaulichen die Beschaffenheit der Pulverproben (rechts).

<table>
<tr><th></th><th>CILAS-Korngrößenverteilung</th><th>REM-Aufnahme</th></tr>
<tr><td>MM100_1</td><td>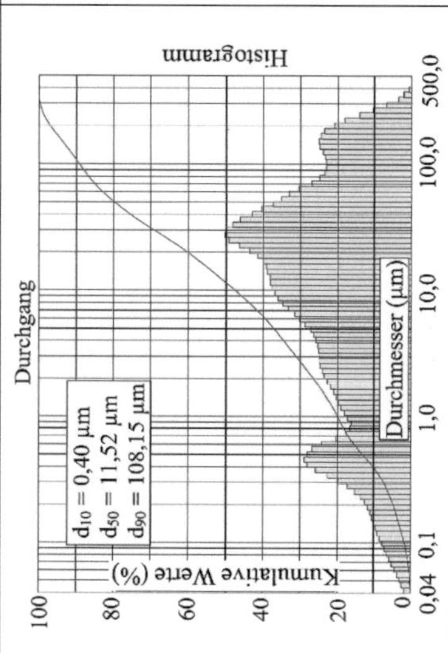
</td><td>
</td></tr>
<tr><td>PKM20_450_6</td><td>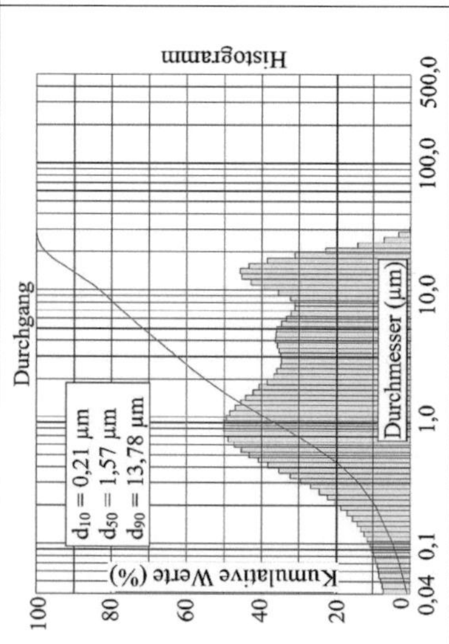
</td><td>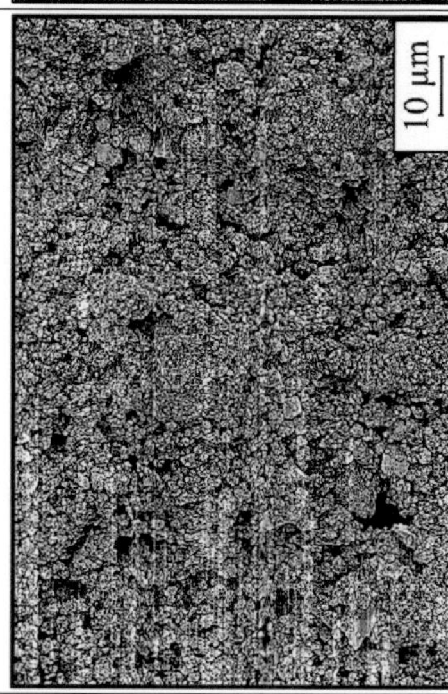
</td></tr>
</table>

	CILAS-Korngrößenverteilung	REM-Aufnahme
PKM3_450_6	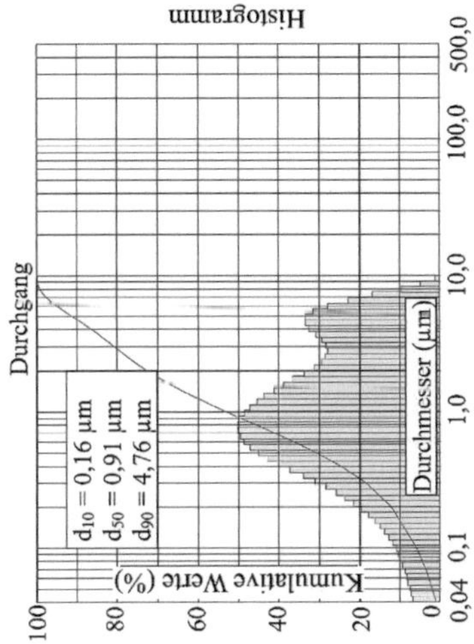	
RKM0,3_3500_2	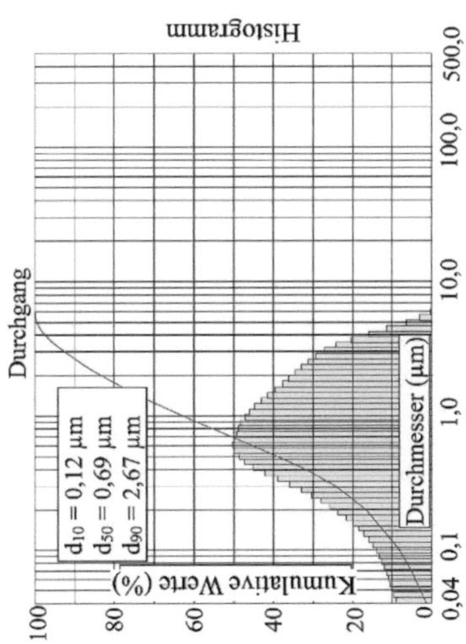	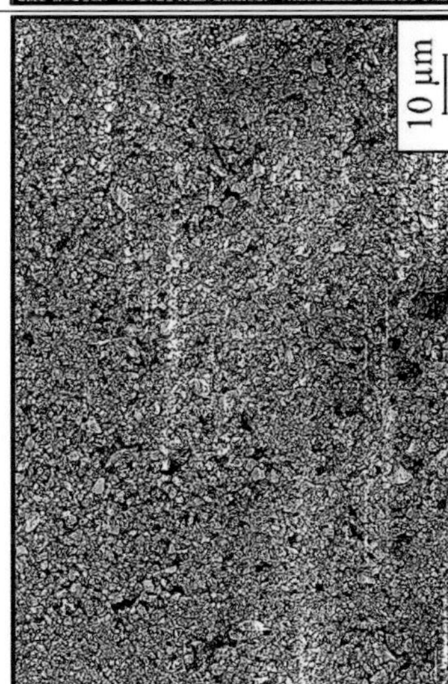

Abbildungsverzeichnis

Abbildung 1: Nicht maßstäbliche Darstellung einer einfachen OLED-Schichtstruktur mit integrierter hochbrechender Glasstreuschicht zwischen ITO-Anode ($n_d = 1,90$) und Glassubstrat (Kalk-Natron-Silicatglas, $n_d \approx 1,50$). Prinzip der Umlenkung des emittierten Lichts an den Streupartikeln in der Glasmatrix und der anschließenden Auskopplung am Übergang zwischen Glassubstrat und Luft ($n_d = 1,00$)..4

Abbildung 2: (a) Schematische Schichtstruktur einer bottom-emittierenden OLED mit transparentem Substrat und Anode, auf der ein Schichtstapel aus Injektions-, Transport- und Blockschichten für Elektronen und Löcher aufgebracht wurde. Der grüne Pfeil deutet den Weg des Lichts aus der Emitterschicht an. (b) Rekombination von Elektronen und Löchern in der Emitterschicht einer OLED zu einem Exziton (rot). Schwarze Pfeile verbildlichen den Hopping-Prozess der Elektronen und Löcher. W_F bezeichnet das Fermi-Niveau der Kathode bzw. Anode [7]. 9

Abbildung 3: Jablonski-Diagramm eines organischen Moleküls: Blaue Pfeile symbolisieren die Anregung eines Farbstoffmoleküls durch Absorption eines Photons vom Singulett-Grundzustand in einen höheren Singulett-Zustand. Fluoreszenz (grüne Pfeile) findet statt, wenn die angeregten Singulett-Zustände strahlend zerfallen. Kommt es aufgrund von Spin-Bahn-Kopplungen zu einer Interkombination und einer anschließend strahlenden Relaxation im Triplett-Zustand, findet Phosphoreszenz (roter Pfeil) statt. Strahlungslose Übergänge sind mit gepunkteten Pfeilen angedeutet [96]. 11

Abbildung 4: Schematische Darstellung der Verlustmoden innerhalb einer OLED. Das nutzbare Licht (~20 %) wird direkt aus der OLED ausgekoppelt. Substratmoden entstehen durch die Totalreflexion an der Grenzfläche zwischen Glassubstrat und Luft, wobei dies einem Anteil von 30-40 % aller generierten Photonen entspricht. Geführte Moden in der ITO-Anode und Organik sowie Oberflächenplasmonpolaritonen bilden mit ca. 40-50 % den größten Verlustkanal [103] (modifiziert). 13

Abbildung 5: Gegenüberstellung der temperaturabhängigen relativen Längenänderung respektive Volumenänderung bei Gläsern und Kristallen. L_0 stellt die ursprüngliche Länge der Probe bei Ausgangstemperatur dar und ΔL die sich bei Temperaturänderung ΔT ergebende Längenänderung. T_s bezeichnet die Schmelztemperatur einer kristallinen Substanz, während T_g die Transformationstemperatur des Glases kennzeichnet [129] (modifiziert). 17

Abbildung 6: Gegenüberstellung der Netzwerke von (a) kristallinem Quarz, (b) Kieselglas und (c) Natriumsilicatglas mit Trennstellen im Netzwerk [5]. 20

Abbildung 7: (a) „Auflockerung“ des Glasnetzwerks durch Schaffung von Trennstellen, dargestellt anhand der Reaktion von Na_2O mit einem Kieselglas. (b) Verfestigung des Glasnetzwerks durch Schließung von Trennstellen, dargestellt an der Reaktion des Zwischenoxids Al_2O_3 mit einem Natrium-Silicatglas [130]. 20

Abbildung 8: Allgemeine logarithmische Darstellung der Viskosität eines Glases über der Temperatur (links) [129], Fixpunkte nach O. Lindig über den gesamten Bereich der Viskosität (rechts) [131] (modifiziert). 22

Abbildung 9: Auswirkung von Zugspannungen ($WAK_{Schicht} > WAK_{Substrat}$) bzw. Druckspannungen ($WAK_{Schicht} < WAK_{Substrat}$) auf einen Glas/Glas Verbundwerkstoff [58] (modifiziert). 25

Abbildung 10: Abbe-Diagramm zur Einordnung optischer Glasarten mit den wichtigsten Abkürzungen: B = Bor, Ba = Barium, F = Flint, K = Kron, L = leicht (niedriger Brechungsindex), La = Lanthan, LL = doppelleicht, P = Phosphat, S = schwer (hoher Brechungsindex), SS = doppelschwer, Ta = Tantal. Das Rechteck kennzeichnet den Bereich, in den ein Großteil der in dieser Arbeit entwickelten Gläser einzuordnen sind [134] (modifiziert). 28

Abbildung 11: Simulation des Brechungsindex n_d im ternären Glassystem Bi_2O_3-B_2O_3-SiO_2, dargestellt als Gehaltsdreieck. Farbig dargestellte Linien sind von SciGlass errechnete Werte, eingepflegte Messergebnisse aus der SciGlass-Datenbank sind als Punkte dargestellt (links). Eingabemaske für die chemische Zusammensetzung des Gemenges, als Berechnungsgrundlage für SciGlass am Beispiel des komplexen Siebenkomponentensystems SiO_2-Ta_2O_5-GeO_2-ZrO_2-Li_2O-Na_2O-K_2O (rechts) 44

Abbildung 12: Ausgießen der Glasschmelze in eine vortemperierte mehrteilige Metallform mit Graphitbodenplatte (links). Kompaktglas (Glasbarren) nach kurzer Abkühlung bei Raumtemperatur vor Einbringung in den Temperofen (rechts). 48

Abbildung 13: Arbeitsprinzip einer vollautomatischen Siebdruckmaschine beim Rakeln einer Glasstreupaste (SP) auf ein darunterliegendes Glassubstrat. Die Rakelrichtung wird durch den roten Pfeil gekennzeichnet (links). Mit Streupaste beschichtetes OLED-Substrat im Layout eines Schachbretts (rechts). 53

Abbildung 14: Überblick der wesentlichen Verfahrensschritte zur Herstellung einer Streuschicht mit Glasmatrix. 54

Abbildung 15: Darstellung der Probekörper zur Charakterisierung: Glasstab für Dilatometermessungen (links), Glasplättchen für Messungen am UV-/ Vis-/NIR-Spektralphotometer und Ellipsometer (mittig) und Glaspulverpressling auf Al_2O_3-Probenträger für erhitzungsmikroskopische Messungen (rechts) 56

Abbildung 16: Simulierter Verlauf der Transformationstemperatur T_g (blaue Linie) und des Brechungsindex n_d (grüne Linie) im Glassystem $32Bi_2O_3$-$58B_2O_3$-$10SiO_2$ (mol-%) bei Variation des (a) SiO_2-Gehalts, (b) B_2O_3-Gehalts und (c) Bi_2O_3-Gehalts. Die festgelegten Grenzwerte sind für $T_g = 450$ °C als blaue Punktlinie und für $n_d = 1{,}90 \pm 0{,}1$ als grünes Feld abgebildet. 69

Abbildung 17: Simulation des Brechungsindex n_d im ternären Glassystem Bi_2O_3-B_2O_3-SiO_2, dargestellt als Gehaltsdreieck. Bunt dargestellte Linien sind von SciGlass errechnete Werte, eingepflegte Messergebnisse aus der SciGlass-Datenbank sind als Punkte gezeigt. Als Schnittpunkt der eingezeichneten schwarzen, roten und grünen Punktlinie ist der Brechungsindex $n_d = 1{,}89$ des Ausgangssystems $32Bi_2O_3$-$58B_2O_3$-$10SiO_2$ (mol-%) gekennzeichnet. 71

Abbildung 18: Übersicht verschiedener Einflussfaktoren auf Laborschmelzen des Grundglassystems Bi_2O_3-B_2O_3-SiO_2: 1 (a) und (b) Beeinflussung der Glasfärbung durch Zugabe geeigneter Läuter-/Entfärbemittel, 2 (a) kristalline Phasen und (b) Vermeidung kristalliner Phasen durch geeignete Abänderung der Gemengezusammensetzung, 3 (a) und (b) Verbesserung des Aufschmelzverhaltens durch mechanische und thermische Gemengevorbehandlung, 4 (a) und (b) Anpassung der Rohstoffkonzentration unter Berücksichtigung des Löslichkeitsvermögens (4 (a) entspricht 5 mol-% $Al(OH)_3$, 4 (b) entspricht 2,5 mol-% $Al(OH)_3$ im Gemenge), 5 (a) und (b) Einfluss der Einschmelztemperatur auf die Färbung des Bi_2O_3-haltigen Glases (5 (a) wurde bei T = 1100 °C, 5 (b) bei T = 900 °C erschmolzen). Glas 6 zeigt eine nahezu farblose Laborschmelze unter Berücksichtigung aller genannten Faktoren. 74

Abbildung 19: Elementvergleich zwischen der Glasmatrix mit der Zusammensetzung $25Bi_2O_3$-$10B_2O_3$-$20SiO_2$-$45ZnO$ (mol-%) (rote Kurve) und einer weißen Ausscheidung (blaue Kurve) mittels µ-Röntgenfluoreszenzanalyse (µ-RFA). Grau hinterlegt sind die Hauptbestandteile Zn/Si der 2. Phase. 76

Abbildung 20: Vergleich zweier erhitzungsmikroskopischer Messungen, aufgenommen an Pulverpresslingen (Höhe = 3,0 mm, Ø = 3,0 mm) der Glassysteme Bi_2O_3-B_2O_3-SiO_2-ZnO-Li_2O (LS 28/13) sowie Bi_2O_3-B_2O_3-SiO_2-ZnO-Li_2O-Al_2O_3 (LS 53/14) bei einer kontinuierlichen Heizrate von 10 K/min von Raumtemperatur bis zur Fließtemperatur. LS 28/13 zeigt bei einer Temperatur von T = 590 °C ein starkes Aufblähen des Probekörpers auf. Die Zugabe von 2,5 mol-% Al_2O_3 im Falle der LS 53/14 verhindert das Aufblähen der Probe und zeigt ein wünschenswertes Sinterverhalten. 79

Abbildung 21: Differenzthermoanalyse an zwei Glasproben der Systeme Bi_2O_3-B_2O_3-SiO_2-ZnO-Li_2O (LS 28/13) sowie Bi_2O_3-B_2O_3-SiO_2-ZnO-Li_2O-Al_2O_3 (LS 53/14). Bei einer kontinuierlichen Heizrate von 5 K/min von Raumtemperatur bis T = 950 °C ist die deutliche Kristallisation des B:BSZ-Systems durch die Zugabe von Li_2O bei der Temperatur T_{K1} = 600 °C zu erkennen (grüne Kurve). Der deutlich schwächer ausgeprägte Peak bei T_{K1} = 616 °C (blaue Kurve) veranschaulicht die kristallisationshemmende Wirkung von Al_2O_3 im System B:BSZL. T_{K2} = 696 °C (grüne Kurve) deutet auf eine polymorphe Umwandlung der Kristallite hin. 80

Abbildung 22: Simulierter Einfluss zahlreicher Oxide auf die Transformationstemperatur T_g (oben) sowie den Brechungsindex n_d (unten) im System $23Bi_2O_3$-$49B_2O_3$-$6SiO_2$-22ZnO (mol-%). 86

Abbildung 23: Einfluss von (a) Bi_2O_3, (b) B_2O_3, (c) SiO_2 und (d) ZnO auf die Transformationstemperatur T_g (hellgrün dargestellt) und den Wärmeausdehnungskoeffizienten $\alpha_{20\text{-}300\,°C}$ (lila dargestellt) bei steigender Konzentration des jeweiligen Oxids im System $25Bi_2O_3$-$33B_2O_3$-$4{,}5SiO_2$-25,5ZnO-4SrO-8BaO (mol-%) (LS 35/13). Dreiecke und Quadrate markieren das Ergebnis der Einzelmessung zur jeweiligen Laborschmelze, während die Linien den Trend des Einflusses aufzeigen. 89

Abbildung 24: Dilatometrische Untersuchung zum Einfluss von BaO auf die Transformationstemperatur T_g sowie den Wärmeausdehnungskoeffizienten $\alpha_{20\text{-}300\,°C}$ im Glassystem B:BSZSB. 91

Abbildung 25: Einfluss von (a) BaO und (b) SrO auf die Transformationstemperatur T_g (hellgrün dargestellt) und den Wärmeausdehnungskoeffizienten $\alpha_{20\text{-}300\,°C}$ (lila dargestellt) bei steigender Konzentration des Oxids im System der LS 36/13 (25Bi_2O_3-33B_2O_3-2,5SiO_2-23,5ZnO-3SrO-13BaO (mol-%)). Dreiecke und Quadrate markieren das Ergebnis der Einzelmessung zur jeweiligen Laborschmelze, während die Linien den Trend des Einflusses aufzeigen. 91

Abbildung 26: Kumulierte Messergebnisse aus der CILAS-Lasergranulometrie aufgetragen über dem Partikeldurchmesser in µm. Dargestellt sind 0,5-6-stündige Mahlungen der LS 35/13 mit (a) einer Mörsermühle (MM) bei 100 $U \cdot min^{-1}$ sowie (b) einer Planetenkugelmühle (PKM), Achatkugeln Ø = 3 mm, 450 U min^{-1}, (c) Achatkugeln Ø = 20 mm, 450 $U \cdot min^{-1}$ und (d) Achatkugeln Ø = 20 mm, 550 $U \cdot min^{-1}$. Gestrichelte Linien geben den charakteristischen 10 %-/50 %-/90 %-Korndurchmesser $d_{10}/d_{50}/d_{90}$ an. 100

Abbildung 27: Kornform der LS 35/13 in Abhängigkeit von der Mahlmethode dargestellt an rasterelektronenmikroskopischen Aufnahmen: (a) MM100_1 (Partikelfraktion < 32 µm), (b) PKM3_450_6 (Partikelfraktion < 20 µm) und (c) RKM0,3_3500_2 (ohne Fraktionierung). 103

Abbildung 28: Gegenüberstellung zweier Glasschichten aus LS 35/13, welche beide bei T = 560 °C und einer Haltezeit von t = 40 min verglast wurden. Das Glaspulver der Glaspaste 19 (GP 19) wurde mit einer Planetenkugelmühle (PKM3_450_6) erzeugt, das der Glaspaste 16 (GP 16) mit einer Mörsermühle (PKM100_1). Die Glasschicht aus GP 19 weist vereinzelt kleinste doppelbrechende Kristalle auf (blau eingekreist). GP 16 zeigt noch viele Poren, zu sehen an der leichten Trübung der Schicht (oben rechts) bzw. vergrößert auf den Durchlichtaufnahmen mit Polarisationsmikroskop (unten rechts). Durch grüne Quadrate hervorgehoben sind Kristallite, welche sich beim Verglasen in der Schicht gebildet haben. 105

Abbildung 29: Erhitzungsmikroskopische Untersuchungen zur Bestimmung des Korngrößeneinflusses auf das Aufschmelzverhalten am Beispiel der Bi_2O_3-haltigen Laborschmelze LS 35/13. Dargestellt ist die Veränderung der Schattenbildfläche des Pulverpresslings im Verlauf einer kontinuierlichen Temperaturerhöhung von 10 K/min. Gegenübergestellt wurde die Mahlung in einer Mörsermühle bei 100 $U \cdot min^{-1}$ und 30-minütiger Mahldauer sowie zwei Siebfraktionen aus diesem Glaspulver mit Partikeldurchmessern < 32 µm bzw. < 20 µm. 106

Abbildung 30: Makroskopische Betrachtung manuell hergestellter Glasschichten nach dem Verglasungsprozess im Muffelofen: (a) vergraute Glasschicht aus LS 42/14 ($44TeO_2$-$28B_2O_3$-20ZnO-$8Li_2O$ (mol-%)); T = 560 °C, 10 K/min, t = 20 min, (b) Blasenbildung bei LS 52/14 ($24Bi_2O_3$-$31,5B_2O_3$-$2,5SiO_2$-22,5ZnO-7SrO-12,5BaO (mol-%)); T = 590 °C, 10 K/min, t = 20 min, (c) Kristallbildung bei LS 52/14; T = 520 °C, 10 K/min, t = 240 min, (d) fehlerfreie Glasschicht aus LS 35/13 ($25Bi_2O_3$-$33B_2O_3$-$4,5SiO_2$-25,5ZnO-4SrO-8BaO (mol-%)); T = 590 °C, 10 K/min, t = 60 min. Die polarisationsmikroskopischen Aufnahmen in der Mitte zeigen exemplarisch die aufgetretenen Ausprägungsformen der Kristalle (oben: nadel- und stabförmig, unten: quadratisch und rechteckig) und Blasen (oben: kreisförmig). 109

Abbildung 31: Gegenüberstellung des Sinterverhaltens der Bi_2O_3-haltigen LS 36/13 (oben) und der TeO_2-haltigen LS 42/14 (unten) beim Aufheizen des reinen Glaspulvers auf einer Keramikheizplatte (Heizrate: 10 K/min). Während LS 36/13 keine Farbänderung aufzeigt, tendiert LS 42/14 bei Temperaturen > 460 °C zu erheblicher Schwarzfärbung, wohingegen bei Temperaturen > 610 °C ein Entfärbungsprozess beginnt. 110

Abbildung 32: Verfärbungsneigung der TeO_2-haltigen LS 42/14 in Abhängigkeit von der Partikelgröße des Glaspulvers bei einer Verglasungstemperatur von T = 510 °C, einer Haltezeit von 30 min und einer Heizrate von 10 K/min. Die Verglasung wurde in einem Muffelofen bei Raumluftatmosphäre durchgeführt. 111

Abbildung 33: Verfärbungserscheinungen an Glasschichten der TeO_2-haltigen LS 42/14 in Abhängigkeit von der Atmosphäre im Rohrofen: (a) T = 500 °C, 10 K/min, t = 20 min bei Raumluft-atmosphäre, (b) T = 500 °C, 10 K/min, t = 20 min bei N_2-Atmosphäre, (c) T = 500 °C, 10 K/min, t = 20 min bei 95 % N_2/5 % H_2-Atmosphäre, (d) T = 500 °C, 10 K/min, t = 20 min bei O_2-Atmosphäre, (e) T = 590 °C, 10 K/min, t = 20 min bei O_2-Atmosphäre. 112

Abbildung 34: Optische Lage synthetisierter Flintgläser für die Glasmatrixherstellung von OLED-Streuschichten, dargestellt in einem Abbe-Diagramm. Im blauen Rechteck befinden sich alle Spezialgläser, welche einen ITO-kompatiblen Brechungsindex $n_d = 1,90 \pm 0,1$ aufweisen. 116

Abbildung 35: Graphische Darstellung dilatometrischer Messergebnisse zur Klärung der Abhängigkeit der Transformationstemperatur T_g (blaue Kurve) und des WAK (orange Kurve) von der SiO_2-Füllstoffkonzentration (Vol.-%) im Glassystem der LS 18/14. Die schwarzen Strichlinien markieren den Bereich des geforderten WAK von $\alpha_{20\text{-}300\,°C} = 8,0\text{-}9,0 \cdot 10^{-6}\,K^{-1}$. 120

Abbildung 36: Darstellung der Intensität der Vorwärtstransmission in Abhängigkeit von der Streuung gemessen bei 550 nm für die Bi_2O_3-haltige LS 18/14. Für diese Messungen wurden Glasstreuschichten mit unterschiedlichen SiO_2- und TiO_2-Füllstoffkonzentrationen hergestellt. 122

Abbildung 37: Abhängigkeit der Streuung von der Wellenlänge am Beispiel der LS 18/14, welche je nach Ausführungsbeispiel mit unterschiedlichen SiO_2- und TiO_2-Füllstoffkonzentrationen hergestellt wurde. 123

Abbildung 38: Gegenüberstellung von Transmissionsmessungen (Kugelmessungen im Bereich von 250-850 nm) an bleifreien eigenentwickelten Siebdruckschichten aus GP 16, 19, 20 und 21, kommerziellen bleihaltigen aus GP 1 und bleifreien aus GP 12. Das OLED-Substrat aus Kalk-Natron-Silicatglas, auf dem die Schichten gedruckt wurden, ist ebenfalls dargestellt. 124

Abbildung 39: *Haze*-Werte für Streuschichten diverser Glasmatrices (bleihaltig und bleifrei) mit variabler TiO_2-Streupartikelkonzentration. Das grüne Rechteck markiert den bevorzugten *Haze*-Bereich für die optimale Streuung in den OLEDs. Im unteren Bereich ist das Aussehen der hergestellten Streuschichten mit variabler Streupartikelkonzentration am Beispiel der bleihaltigen Glasmatrix GP 1 mit $n_d = 1,8$ dargestellt; in Draufsicht (oben) bzw. Durchsicht (unten). 126

Abbildung 40: Siebdruck-Layout eines im hellen Bereich mit streupartikelhaltiger Glaspaste bedruckten Kalk-Natron-Silicatglas-Substrats der Fläche 200 x 200 mm^2 (links). Vereinzelungsschema einer vollständig prozessierten OLED (rechts), wobei jedes Quadrat einem OLED-Bauteil (25,0 x 25,0 mm^2) entspricht. Der äußere Randbereich des Substrats wird nicht verwendet. 129

Abbildung 41: Abhängigkeit des erzielten optischen Effizienzgewinns bei einer konstanten Stromdichte von 2 mA/cm^2 in der OLED von der TiO_2-Streupartikelkonzentration in der bleihaltigen Glasmatrix GP 1 (blaue Punkte). Zusätzlich wurden auch die zugehörigen *Haze*-Werte in Abhängigkeit von der Streupartikelkonzentration angegeben (rote Quadrate). Das grüne Rechteck markiert den bevorzugten *Haze*-Bereich für die optimale Streuung in den OLEDs. 130

Abbildung 42: Effizienzsteigerung durch Streuschichten mit verschiedenen Glasmatrices und TiO_2-Streupartikelkonzentrationen. Die vergrößert dargestellten Datenpunkte verdeutlichen die Streupartikelkonzentration, bei welcher der höchste Effizienzgewinn erzielt werden konnte. 131

Abbildung 43: Lichtausbeute von OLEDs mit und ohne Streuschicht aufgetragen über der Leuchtdichte. Ausgewählt wurden die Streupartikelkonzentrationen, die bei konstanter Stromdichte von 2 mA·cm^{-2} die höchste Auskoppeleffizienz aufwiesen. Dargestellt sind die bleihaltige Referenzstreuschicht aus GP 1 sowie eigenentwickelte Streuschichten aus LS 18/14 (16Bi_2O_3-33B_2O_3-0,5SiO_2-27,5ZnO-3SrO-16BaO-4MgO (mol-%)) mit sphärischen SiO_2-Streupartikeln, GP 19 aus LS 35/13 (25Bi_2O_3-33B_2O_3-4,5SiO_2-25,5ZnO-4SrO-8BaO (mol-%)) und GP 21 aus LS 22/15 (23Bi_2O_3-38B_2O_3-4SiO_2-24ZnO-4SrO-7BaO (mol-%)) mit TiO_2-Streupartikeln. 132

Abbildung 44: Darstellung einer unbeschichteten Referenz-OLED (links) sowie zweier OLEDs, welche eine interne Lichtauskopplungsschicht enthalten (Mitte und rechts). Die obere Reihe zeigt die OLED-Bauteile im ausgeschalteten Zustand, die untere Reihe im Betrieb bei konstanter Stromdichte von 2 mA·cm^{-2}. Die Helligkeitsunterschiede der leuchtenden OLEDs sind durch unterschiedliche Auskoppeleffizienzen zu erklären. Während die OLED in der Mitte eine Streuschicht aus GP 1 mit einer TiO_2-Streupartikelkonzentration von 3 Vol.-% enthält, weist die rechte OLED eine Konzentration von 5 Vol.-% TiO_2 auf [135]. 134

Tabellenverzeichnis

Tabelle 1: Die für die Ermittlung der Hauptbrechzahl n_d sowie der Brechzahlen n_C und n_F wichtigenSpektrallinien [75]. 27

Tabelle 2: Zusammenfassung der Literaturrechercheergebnisse über Bi_2O_3-haltige Glassysteme unter Angabe der Transformationstemperatur T_g, des Wärmeausdehnungskoeffizienten α sowie des Brechungsindex n_d (sofern in der Literaturstelle angegeben). 38

Tabelle 3: Zusammenfassung einiger niedrigschmelzender Glassysteme aus der Literaturrecherche zu alternativen Bleiersatzgläsern. Die aufgelisteten Glassysteme enthalten kein Bi_2O_3. Neben dem Glassystem sind die Transformationstemperatur T_g, der Wärmeausdehnungskoeffizient α sowie der Brechungsindex n_d und Anmerkungen aus den jeweiligen Literaturstellen zu finden. 39

Tabelle 4: Übersicht verwendeter Parameter bei Mahlungen der LS 35/13 mittels Mörsermühle (MM), Planetenkugelmühle (PKM) und Rührwerkskugelmühle (RKM). Neben den Mahlhilfskörpern und Mahlmedien sind die für den Mahlprozess entscheidenden Parameter Drehzahl und Mahldauer angegeben. 49

Tabelle 5: Thermische und optische Eigenschaften des Glassystems Bi_2O_3-B_2O_3-SiO_2-ZnO-Sb_2O_3-Na_2O in Abhängigkeit von der ZnO-Konzentration im Gemenge. 75

Tabelle 6: Thermische und optische Eigenschaften ausgewählter Laborschmelzen aus den Systemen Bi_2O_3-B_2O_3-SiO_2-ZnO-Li_2O (LS 28/13 und LS 30/13) sowie Bi_2O_3-B_2O_3-SiO_2-ZnO-Li_2O-Al_2O_3 (LS 53/14). 78

Tabelle 7: Messergebnisse zum Einfluss der Oxide SrO und BaO auf die thermischen und optischen Eigenschaften ausgewählter Laborschmelzen im Glassystem B:BSZ#3. Die hervorgehobenen Laborschmelzen wurden für weiterführende manuelle Rakelversuche verwendet. 88

Tabelle 8: Einfluss von TeO_2 auf die thermischen und optischen Eigenschaften von LS 35/13. 95

Tabelle 9: Zusammenfassung diverser TeO_2-haltiger Laborschmelzen unter Angabe des jeweiligen Glassystems sowie der Transformationstemperaturen, der Wärmeausdehnungskoeffizienten und der Brechungsindices. Ausgewählt wurden lediglich die Laborschmelzen, welche eine vergleichbare oder bessere Transformationstemperatur besitzen als LS 35/13 aus dem System B:BSZSB. 96

Tabelle 10: Überblick über thermische und optische Messresultate an alternativen Sb_2O_3-haltigen Spezialgläsern, basierend auf einer B_2O_3-GeO_2-Matrix. Angegeben sind jeweils die Transformationstemperatur T_g sowie der WAK $\alpha_{20\text{-}300\,°C}$ und der Brechungsindex n_d. 97

Tabelle 11: Übersicht der Spezialglassysteme, welche als manuelle Rakelschichten auf Objektträgern appliziert wurden, um die potentielle Eignung als Siebdruckschicht für OLED-Streuschichten zu prüfen (✓ geeignet, X ungeeignet). Angegeben sind die verwendeten Partikelfraktionen der Glaspulver, die bevorzugten Verglasungsparameter sowie die mikro- und makroskopischen Beurteilungen von Kristallen und Blasen in den Glasschichten (- nicht vorhanden, O vereinzelt sichtbar, + stark ausgeprägt) 114

Tabelle 12: Übersicht zur Auswirkung des eingebrachten amorphen SiO_2-Füllstoffs auf die Transformationstemperatur T_g und den WAK in Abhängigkeit von der SiO_2-Füllstoffkonzentration (Vol.-%) in der Bi_2O_3-haltigen Glasmatrix LS 18/14 ($16Bi_2O_3$-$33B_2O_3$-$0{,}5SiO_2$-$27{,}5ZnO$-$3SrO$-$16BaO$-$4MgO$). 119

Tabelle 13: Überblick der für die Glasschmelzen verwendeten Rohstoffe unter Angabe der Reinheiten und der Hersteller/Lieferanten, gegliedert in Netzwerkbildner, Netzwerkwandler und Zwischenoxide. Die Ordnungszahl der Oxide nimmt von oben nach unten zu. XIII

Tabelle 14: Zusammenfassung der Partikelgrößenverteilungen in Abhängigkeit von der Mahlmethode (MM Mörsermühle, PKM Planetenkugelmühle und RKM Rührwerkskugelmühle) sowie der eingestellten Mahlparameter. Das Ausgangsmahlgut für alle durchgeführten Versuche in der PKM und RKM stellt dabei die LS 35/13 (MM100_1) dar. XIV

Tabelle 15: Gegenüberstellung der CILAS-Korngrößenverteilung von vier ausgewählten Mahlungen der LS 35/13 (links). REM-Aufnahmen veranschaulichen die Beschaffenheit der Pulverproben (rechts). XVI

Symbole und Abkürzungen

$\alpha_{20\text{-}300\,°C}$	Wärmeausdehnungskoeffizient im Bereich von 20-300 °C ..... (K^{-1})
η	Lichtausbeute .... ($lm \cdot W^{-1}$)
µ-RFA	µ-Röntgenfluoreszenzanalyse
ν_d	Abbe-Zahl .... (-)
d_{10}	10 % der Partikel sind ≤ dem angegebenen Durchmesser........ (µm)
d_{50}	50 % der Partikel sind ≤ dem angegebenen Durchmesser........ (µm)
d_{90}	90 % der Partikel sind ≤ dem angegebenen Durchmesser........ (µm)
d_{99}	99 % der Partikel sind ≤ dem angegebenen Durchmesser........ (µm)
e^--TS	Elektronentransportschicht
G	Effizienzgewinn durch eine Streuschicht *(engl. Gain)*.......... (-)
H	Grad der Streuung *(engl. Haze)* .... (-)
h^+-TS	Lochtransportschicht
L	Leuchtdichte.......... ($cd \cdot m^{-2}$)
M_g	Dilatometrischer Erweichungspunkt .... (°C)
n_C	Brechungsindex bei 656,27 nm .... (-)
n_d	Brechungsindex bei 587,56 nm .... (-)
n_F	Brechungsindex bei 486,13 nm .... (-)
R_q	Quadratische Oberflächenrauheit .... (nm)
T_{Erw}	Erweichungstemperatur .... (°C)
T_g	Transformationstemperatur.......... (°C)
T_{K1}	Temperatur bei maximaler Kristallisationsgeschwindigkeit (1.-Schritt der Kristallisation).......... (°C)
T_{K2}	Temperatur, bei der polymorphe Umwandlungen stattfinden (2. Schritt der Kristallisation) .... (°C)
T_s	Schmelztemperatur .... (°C)
W_F	Fermi-Niveau .... (eV)

Al_2O_3	Dialuminiumtrioxid
Alq_3	Aluminium-tris(8-Hydroxychinolen)
B_2O_3	Dibortrioxid
BaO	Bariumoxid
Bi_2O_3	Dibismuttrioxid
BMBF	Bundesministerium für Bildung und Forschung
CaO	Calciumoxid
DIL	Dilatometer
DTA	Differenzthermoanalyse
EMI	Erhitzungsmikroskop
EuP	Richtlinie für die umweltgerechte Gestaltung energiebetriebener Produkte *(engl. Energy-using Products)*
GeO_2	Germaniumdioxid
GP	Glaspaste
H_3BO_3	Borsäure
HOMO	Energieniveau des höchsten besetzten Molekülorbitals *(engl. Highest Occupied Molecular Orbital)*
IR	Infrarot
ITO	Indiumzinnoxid *(engl. Indium Tin Oxide)*
K_2O	Dikaliumoxid
KZ	Koordinationszahl
LED	Leuchtdiode *(engl. Light-Emitting Diode)*
Li_2CO_3	Lithiumcarbonat
Li_2O	Dilithiumoxid
LS	Laborschmelze
LUMO	Energieniveau des niedrigsten unbesetzten Molekülorbitals *(engl. Lowest Unoccupied Molecular Orbital)*
MgO	Magnesiumoxid

MM	Mörsermühle
$NaNO_3$	Natriumnitrat
Na_2O	Dinatriumoxid
$NaSbO_3 \cdot nH_2O$	Natrium Meta-Antimonat
NIR	Nahes Infrarot
OLED	Organische Leuchtdiode *(engl. Organic Light-Emitting Diode)*
OLYMP	**O**rganische **L**ichtemittierende **SY**steme auf Basis von energie- und kosteneffizienten **M**aterialien und **P**rozessen
OSRAM	Firmenname zusammengesetzt aus den chemischen Elementen **Os**mium und Wolf**ram**
P_2O_5	Diphosphorpentoxid
PbO	Bleioxid
PKM	Planetenkugelmühle
PLED	LED auf Polymerbasis *(engl. Polymer Light-Emitting Diode)*
PPV	Poly(p-Phenylen-Vinylen)
RKM	Rührwerkskugelmühle
RoHS	Beschränkung gefährlicher Stoffe *(engl. Restriction of Hazardous Substances)*
Sb_2O_3	Diantimontrioxid
SiC	Siliciumcarbid
SiO_2	Siliciumdioxid
SMOLED	LED aus niedermolekularen organischen Farbstoffmolekülen *(engl. Small Molecule Organic Light-Emitting Diode)*
SP	Streupaste
SrO	Strontiumoxid

TG	Thermogravimetrie
TPA	Triphenylamin
UV	Ultraviolett
Vis	Sichtbar *(engl. Visible)*
WAK	Wärmeausdehnungskoeffizient
XRD	Röntgendiffraktometrie *(engl. X-ray diffraction)*
$Zn(NO_3)_2 \cdot 4H_2O$	Zinknitrat-Tetrahydrat
ZnO	Zinkoxid
Zn_2SiO_4	Willemit
ZrO_2	Zirkondioxid